云计算技术实践系列丛书

数字产业的
零信任之旅

〔印〕Abbas Kudrati　　〔印〕Binil A. Pillai ◎ 著

殷海英　黄继敏　刘志红 ◎ 译

电子工业出版社·

Publishing House of Electronics Industry

北京·BEIJING

内 容 简 介

本书是一本深入探讨零信任安全框架的权威指南。书中不仅详细介绍了零信任的历史、核心概念和原则，还提供了从战略到实施的全面视角，涵盖了业务需求、架构设计、解决方案、人文因素及实施方法。通过结合实际案例和最佳实践，图书为读者提供了如何在数字资产中全面实施零信任的实用指导。

本书不仅适合网络安全领导者和技术专业人员阅读，还为企业决策者和组织变革推动者提供了宝贵的见解。通过引入多个行业领先的零信任模型和标准，如 NIST、Forrester ZTX、Gartner CARTA 等，帮助读者根据自身组织的需求和风险偏好选择合适的框架。此外，图书还探讨了零信任在人工智能、区块链技术、物联网，以及治理、风险与合规等领域的未来发展趋势，为读者提供了前瞻性视角。

Zero Trust Journey Across the Digital Estate 1st Edition /by Abbas Kudrati / ISBN: 9781032125497

Copyright © 2023 Abbas Kudrati and Binil Pillai.
Authorized translation from English language edition published by CRC Press, part of Taylor & FrancisGroup LLC; All rights reserved; 本书原版由 Taylor& Francis 出版集团旗下，CRC 出版公司出版，并经其授权翻译出版. 版权所有，侵权必究.

Publishing House of Electronics Industry is authorized to publish and distribute exclusively the Chinese (SimplifiedCharacters) language edition. This edition is authorized for sale throughout Mainland of China. Nopart of the publication may be reproduced or distributed by any means, or stored in a database orretrieval system, without the prior written permission ofthe publisher. 本书中文简体翻译版授权由电子工业出版社独家出版并限在中国大陆地区销售，未经出版者书面许可，不得以任何方式复制或发行本书的任何部分.

Copies of this book sold without a Taylor & Francis sticker on the cover are unauthorized and illegal. 书封面贴有 Taylor & Francis 公司防伪标签，无标签者不得销售.

版权贸易合同登记号　图字：01-2023-1505

图书在版编目（CIP）数据

数字产业的零信任之旅 / （印）阿巴斯·库德拉蒂
(Abbas Kudrati)，（印）比尼尔·A. 皮莱
(Binil A. Pillai) 著 ; 殷海英，黄继敏，刘志红译.
北京 : 电子工业出版社，2025. 6. -- （云计算技术实践系列丛书）. -- ISBN 978-7-121-50345-0
　Ⅰ. TP393.08
中国国家版本馆 CIP 数据核字第 2025WB2758 号

责任编辑：刘志红（lzhmails@phei.com.cn）　　　特约编辑：陈冬梅
印　　刷：三河市鑫金马印装有限公司
装　　订：三河市鑫金马印装有限公司
出版发行：电子工业出版社
　　　　　北京市海淀区万寿路 173 信箱　邮编　100036
开　　本：787×980　1/16　印张：13　字数：229 千字
版　　次：2025 年 6 月第 1 版
印　　次：2025 年 6 月第 1 次印刷
定　　价：128.00 元

凡所购买电子工业出版社图书有缺损问题，请向购买书店调换。若书店售缺，请与本社发行部联系，联系及邮购电话：（010）88254888，88258888。
质量投诉请发邮件至 zlts@phei.com.cn，盗版侵权举报请发邮件至 dbqq@phei.com.cn。
本书咨询联系方式：（010）88254479，lzhmails@phei.com.cn。

我很荣幸能够领导微软 365 安全团队，这个团队负责构建 Microsoft Defender 系列的关键产品，主要负责保护如此多的客户、员工和用户的信息安全。在过去的 6 年里，我看到微软和整个科技行业中的公司都在不断增加投资，因为我们正在努力解决一个核心问题，即确保各种规模的企业和组织能够高效运行，并具有较高的安全性。众所周知，在安全领域，甚至更广泛的技术领域，我们每天面对的网络及其他方面的攻击日益增加。

当我们处理安全相关的关键问题时，我们必须专注于关键目标：客户及其业务的需求。简而言之，不以真实企业或组织的实际需求为基础的解决方案是毫无意义的。

在这方面，我很高兴与阿巴斯·库德拉蒂和比尼尔·皮莱合作，并且很高兴与他们一起同多个客户接触，我们在两件重要的事情上达成了共识。首先，我们对利用技术解决难题的潜力有着共同的热情。我在他们最近出版的 *Threat Hunting in the Cloud* 一书中看到了这一点，该书深入探讨了先进的安全技术如何帮助解决以前无法解决的问题。其次，他们通过深刻理解网络安全的复杂性和分析一系列公司或组织所面临的挑战，为客户和安全技术人员带来了真正的改变，展示出极高的奉献精神。

对于任何安全行业的技术人员或其他技术人员来说，当前的网络安全趋势是明确的：攻击每年都在增加。信息技术使世界更紧密地联系在一起，并不断减少摩擦，它使各类攻击者更容易从事非法活动。对于敌对国家，以及所有从事欺诈、勒索攻击，甚至只是恶作剧的网络犯罪组织来说，都是如此。不幸的是，这些攻击者正在利用新技术，并以不断增长的速度学习新的攻击方法。我们需要为那些试图保护自己不受攻击的公司或组织提供解决方案。我们需要打破那种认为我们可以建造完美的堡垒来阻挡所有攻击者的思维模式；我们需要深入思考数字资产的战略、态势、政策、人员和配置，以及如何构建强大的防御措施。

这正是"零信任"的用武之地：在当今世界中考虑安全防御的工具集和框架。而这也正是你手中的这本书所讲述的内容，它通过一个广泛的视角来介绍"零信任"的含义，以及它如何改变现在和未来的商业模式。

阿巴斯·库德拉蒂和比尼尔·皮莱能够利用他们的战略思维、商业头脑、多样化的客户经验、深厚的技术专长来提供更广泛的概述和详细的实操步骤。这一点至关重要，因为乍一看，"零信任"可能令人生畏，它提出了"我如何开始？""我现在在哪里？"，以及"下一步最重要的任务是什么？"。但是阿巴斯·库德拉蒂和比尼尔·皮莱运用他们丰富的专业知识和对客户的深刻理解，通过剖析客户真实的情况，进行真实的案例研究，使这个问题变得容易理解。同样，这种对现实世界知识和经验的应用，使他们的观点极具参考价值。

如果我们打算改变攻击者的游戏规则，以不同的方式思考，那么我们需要将"零信任"视为一段旅程。没有什么"神奇的东西"可以解决整个组织的安全问题。相反，我们只能持续专注于掌握我们每天在客户工作环境中看到的真实复杂情况。就像所有的旅程一样，你必须迈出至关重要的第一步。《数字产业的零信任之旅》是你旅程中必不可少的第一步。无论你是希望向高级管理人员解释"零信任"的体系结构及价值的CISO，还是希望采用"零信任"最佳实践的安全技术人员，这里都有一些内容可以帮助你提升企业或组织的安全级别。

罗布·莱弗茨

微软公司副总裁

目 录

第一部分 零信任的历史、概念和基本原理

第三部分　零信任的未来视野

第一部分

零信任的历史、概念和基本原理

零信任使组织能够拥抱其团队所需的灵活性，同时提高其系统的安全性。安全专家的问题不是是否接受零信任，而是我们处在旅途中的哪个阶段?

——谷歌工程总监 Omkhar Arasaratnam

第1章

零信任的历史与概念

"零信任"这个词乍一看来，让人感到疑惑。这是什么意思？它的意思是"我不信任你"还是"根本没有信任"？在我们解释什么是零信任之前，让我们先了解一下它的历史起源，以及它是如何在当今世界流行起来的。

在俄语中有一句谚语——Doveryai, no proveryai，意思是一个负责任的人在承诺与任何人一起做生意之前，总是核实一切，即使对方完全值得信赖。

在俄语中，这句话变成了一种被过度使用的陈词滥调，可以在各种情况下使用，从政治谈判到声称妻子有权随时查看丈夫的智能手机，因为，好吧，doveryai, no proveryai（基本上意味着在这两种情况下，彼此之间都没有太多信任）！

"Doveryai, no proveryai"这句谚语之所以在美国和国际上流行开来，是因为冷战时期里根总统在美国的政治演讲中使用了这句话。里根在准备与苏联领导人米哈伊尔·戈尔巴乔夫会谈时得知了这句俄罗斯谚语。里根的俄罗斯事务顾问苏珊娜·马西建议他学习一些俄罗斯谚语来活跃气氛。事实证明，里根最喜欢"信任，但要核实"。后来，希拉里·克林顿、巴拉克·奥巴马和科林·鲍威尔都在多个场合使用过这句谚语，并将其归因于罗纳德·里根。

这句谚语已经流传了很长时间。俄罗斯人很难确定它的来源。著名词典编纂家弗拉基米尔·达尔在1879年编辑出版的俄语谚语终极指南中并没有包括这句谚语。我想，

"信任，但要核实"，这句谚语一定是在 19 世纪末或 20 世纪初才出现的。

弗拉基米尔·列宁（Vladimir Lenin）在 1914 年的演讲中某种程度上表达了这句谚语的观点（尽管内容不完全一致）："不要轻信他们的话；严格检查——这是马克思主义工人的口号！"

若干年后，约瑟夫·斯大林（Joseph Stalin）重申了列宁的观点："合理的不信任是合作的良好基础"。

1.1 驱动力

网络攻击每年都在激增，似乎没有哪个行业可以幸免。网络攻击和勒索软件的兴起，唤醒了世界各地的商业领袖，让他们认识到一个新的现实。对网络和数据安全的威胁已经超出了许多传统安全解决方案所能防御的范围。

最近，我们的关键基础设施发生了遭受连锁攻击和破坏的事件。政府、大型企业和小型企业都亲身经历过大型犯罪组织或敌对国家发动的网络攻击，导致敏感数据被窃取并对政府、企业的运营带来严重的破坏和影响。

全球每天发生 4000 多次勒索攻击。这个过程相当简单——通过恶意软件感染目标计算机，攻击者加密受害者有价值的数据，然后向受害者发送勒索通知，要求支付赎金才能释放访问权限。这是一场胜算极低的赌博，因为即使支付了赎金，也不能保证攻击者会释放数据。

数字现代化以及信息技术（IT）和运营技术（OT）的融合快速地扩大了我们网络的表面积，使它们更容易受到攻击。企业领导者需要认识到 OT 的快速增长——其中包括物联网（IoT）、工业物联网（IIoT）和工业控制系统（ICS）——并理解这些设备和系统运行在一个融合的 IT - OT 网络上，使用相同的线缆传输数据。然而，传统的 IT 安全解决方案无法保护 OT。

目前用于保护通信的典型以 IT 为中心的方法和工具都无法解决广泛的体系结构、软件和设备中固有的已知漏洞。这是因为它们主要是为"开放"通信框架而设计和构建的。

考虑到 IT 安全方案无法保护的易受攻击的 OT 端点数量，网络攻击者可以访问更多他们可以利用的端点。一旦他们入侵网络，攻击者就可以在不被发现的情况下潜伏几个月或更长时间，安装恶意软件并窃取敏感数据。如今，随着云计算、网络和 IT 环境的发展，网络外围安全模型已经无法满足企业或组织对安全的需求。

1.2 什么是零信任

零信任是一种安全框架，要求在授予对应用程序和数据的访问权限之前，对组织网络内外的所有用户进行身份验证、权限检查，并持续验证安全配置和用户状态。零信任假设没有传统的网络边界；网络可以是本地的、云端的，也可以是与任何地方的资源以及任何位置的员工的组合（如图 1-1 所示）。

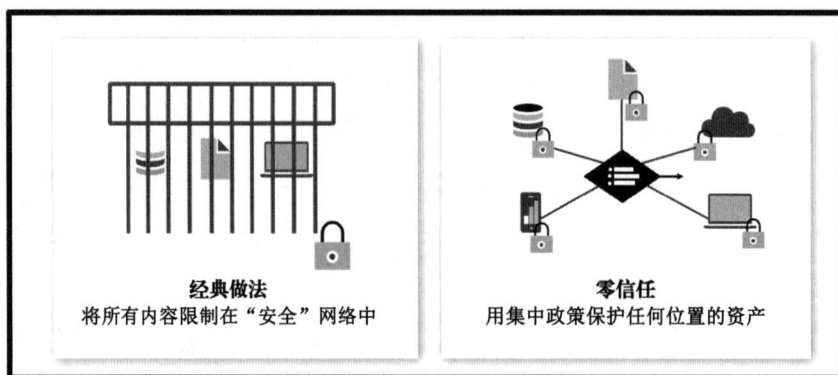

图 1-1 经典做法与零信任

• 1.3 零信任概念介绍 •

零信任这个概念已经出现了一段时间。多年来，许多个人和组织都以此为基础。本章将介绍一些最著名的标准和框架，你可以使用它们来增强对此概念的整体了解。

你可以根据你的组织需要、组织类型和组织风险概况（如图 1-2）利用这些标准、框架和原则。

回顾历史，在 2003 年，杰里科基金会（Jericho Foundation）提出了去边界化的概念。后来，在 2010 年，Forrester 的 John Kindervag 撰写了《将安全性构建到网络的 DNA 中：零信任网络架构》一书，零信任一词由此诞生。

2013 年，微软提出了"基于身份的安全策略"（identity driven security），并推出了企业移动套件（enterprise mobility suite，EMS），以满足企业的核心安全和合规需求——安全的访问、安全的设备和安全的数据。

同年，云安全联盟（CSA）提出软件定义边界（software-defined perimeter，SDP）的概念。SDP 旨在通过安全架构创建一个不可见的边界，该架构需要在访问资源之前通过单个数据包检查积极识别网络连接。

2014 年，谷歌在 BeyondCorp 项目中实施了一个无网络信任模型，提供了一个"演示器"，这引起了业界极大的兴趣。该方法围绕着"边界已经扩张"的理念展开，传统的外围安全和受保护的内部网不再足以抵御新的网络威胁。

2017 年，Gartner 将其自适应安全架构发展为持续自适应风险和信任评估（CARTA）。这种改进提供了一个框架，可以在利用新数字世界的同时管理风险。

同年，Netflix 推出了位置独立安全评估（location independent security assessment，LISA）模型，该模型更侧重于架构的网络方面。

2018 年，Forrester 分析师 Chase Cunningham 博士和他的团队发布了零信任扩展

（ZTX）生态系统报告，该报告将原始零信任模型扩展到其网络重点之外，从而涵盖当今不断扩大的攻击面。

2020 年 8 月，美国国家标准与技术研究院（NIST）发布了终版《零信任架构〈SP 800-207〉》标准，该出版物属于特殊出版物系列，该出版物讨论了构成零信任架构（ZTA）的核心逻辑组件。

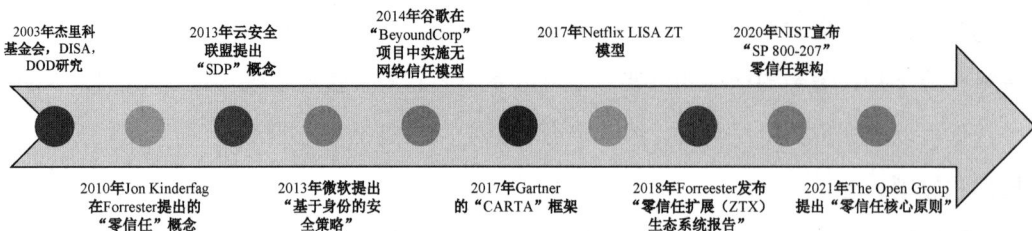

图 1-2 零信任概念时间表

2021 年 4 月，The Open Group 推出了一份关于零信任核心原则的白皮书，可以很容易地与 NIST SP 800-207 和微软的零信任原则相对应。

让我们详细了解一些框架、标准及其原则。

▶ 1.3.1 云安全联盟的软件定义边界和零信任

CSA 将 SDP 定义为一种网络安全架构，用于在开放式系统互联（open systems interconnection，OSI）网络栈的 1-7 层提供安全保障。SDP 实现资产的隐藏，在允许连接隐藏资产之前，使用单个数据包通过单独的控制和数据平面建立信任。

==

"零信任不是 SDP，但 SDP 从定义上讲就是零信任"

——CSA

==

为了使应用程序所有者能够在需要的地方部署外围功能，将服务与不安全的网络隔离开来，SDP 旨在采用逻辑组件覆盖现有的物理基础设施。这些逻辑组件应该由应用程序所有者控制并进行操作，只有在设备认证和身份验证后才提供对应用程序基础设施的访问。

SDP 基于这样一个结构：组织不应该暗中信任网络内部或外部的任何东西。它要求经过验证的设备上的用户以加密方式登录为隐藏资产而创建的边界——即使它们位于公共基础设施上。SDP 通过拒绝所有防火墙来实现隐藏资产，使用单个数据包通过单独的控制平面建立信任，并在数据平面中提供对隐藏资产的连接的相互验证。

SDP 集成了通常被放入单独工作流的很难集成的多个控件，例如应用程序、防火墙和客户端。这些信息片段需要固定在一起，以建立连接并确保安全。SDP 帮助你将防火墙控制、身份凭证和访问管理、加密、会话及设备管理集成到一个全面的安全体系结构中，以保护应用程序基础设施免受网络攻击。

SDP 体系结构基于最小权限原则和职责隔离原则。这些原则是通过实施以下关键概念来实现的：

- 禁用防火墙的动态规则。
- 隐藏服务器和服务。
- 先认证，再连接。例如在指定设备上认证用户之前不允许连接。
- 使用单包授权（SPA）或双向加密通信，例如相互传输层安全性（mTLS）。
- 细粒度的访问控制和设备验证。

⊙ 1.3.2 谷歌的 BeyondCorp 零信任模型

==

BeyondCorp 企业解决方案为客户和合作伙伴带来了三大好处。

"安全、无代理架构中的可扩展性、可靠的零信任平台，包括持续和实时的端到端保护，并提供开放和可扩展的解决方案，以支持各种补充解决方案。"

——谷歌

==

BeyondCorp 是谷歌实现的零信任模型。它建立在谷歌十年的经验之上，结合了来自社区的想法和最佳实践。通过将访问控制从网络边界转移到个人用户，BeyondCorp 几乎可以在任何位置进行安全工作，而不需要传统的虚拟专用网络（VPN）（如图 1-3 所示）。BeyondCorp 最重要的两个原则是：

控制对网络和应用程序的访问：在 BeyondCorp 中，由访问控制引擎来决定所有个人或设备是否可以访问网络。该引擎位于每个网络请求的前面，并根据每个请求的上下文（例如用户身份、设备信息和位置）以及应用程序中的敏感数据量应用规则和访问策略。它为组织提供了一种自动的、可伸缩的方式来验证用户的身份，确认他们已获得授权，并应用规则和访问策略。然而，仅靠访问控制还不足以确保足够的安全性。

可见性：一旦用户访问了企业或组织的网络或应用程序，企业或组织必须持续查看和检查所有流量，以识别任何未经授权的活动或恶意内容。否则，攻击者可以很容易地在网络中游走，并在没有人知道的情况下获取他们想要的任何数据。

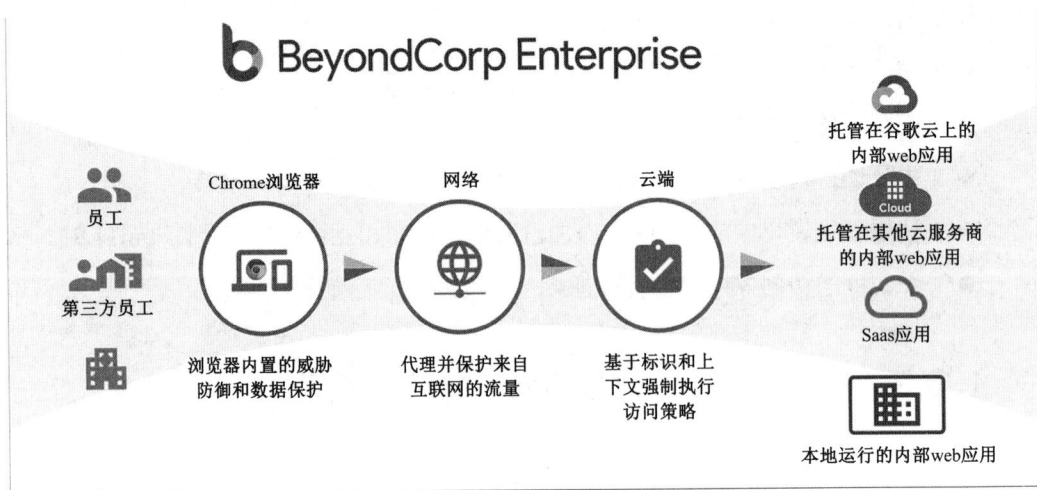

图 1-3　BeyondCorp 企业实现模型

图片来源：https://cloud.google.com/blog/products/identity-security/introducing-beyondcorp-enterprise

与我们讨论的其他零信任方法类似，BeyondCrop 还删除了隐式信任的方法，并要求使用各种组件（如身份、设备和云服务）进行用户验证，它遵循以下一组原则：

● 允许用户安全地访问所有资源，而不受位置限制。

● 使用最小权限策略并严格执行访问控制。

● 检查并记录所有流量。

⊗ 1.3.3 Gartner 的零信任架构 CARTA

https://www.ssh.com/academy/iam/carta

===

零信任是一种安全范式，它用基于上下文（尤其是身份）不断评估的明确风险/信任水平，来取代隐性信任，以适应风险并优化组织的安全状况。

——Gartner

===

Gartner 在 2010 年推出了 CARTA，作为自适应安全架构和 IT 安全战略方法的演进，它有利于持续的网络安全评估和基于风险及信任的自适应评估的上下文决策。CARTA 还遵循同样的理念，即从简单的阻止（block）和允许（allow）转移到基于信任级别、置信度和风险级别的更模糊形式的配置访问。

从本质上讲，向消费者提供数字服务的公司需要将其公司网络更多地开放给用户。随着云服务和自带设备（bring your own device，BYOD）的快速增长和飞速发展，特别是在新冠疫情大流行之后，公司需要允许用户在公司网络以外的任何地方进行工作，组织需要更灵活地在组织的运营模型和工作场所中接纳非托管设备和应用程序。

CARTA 使用基于风险和场景的决策。它并没有对所有人开放所有资产，但是它以更高的透明度和更细的粒度授予用户访问权限，而不管特权用户位于何处（如图 1-4 所示）。

1.3.3.1 CARTA 的零信任实施方法

CARTA 建议持续评估所有用户或设备，并根据上下文做出访问决策。它植根于零信任架构，该框架主张没有用户或设备（即使是已经在网络中的用户或设备）在默认情况下应该被信任。

CARTA IT 安全和风险管理的三个阶段为：

运行：在这个阶段，组织依靠分析来实时检测异常。自动化解决方案允许定期进行这种检测，并且这比手动进行评估更加快捷。这样做可以让企业或组织对潜在威胁做出快速响应。

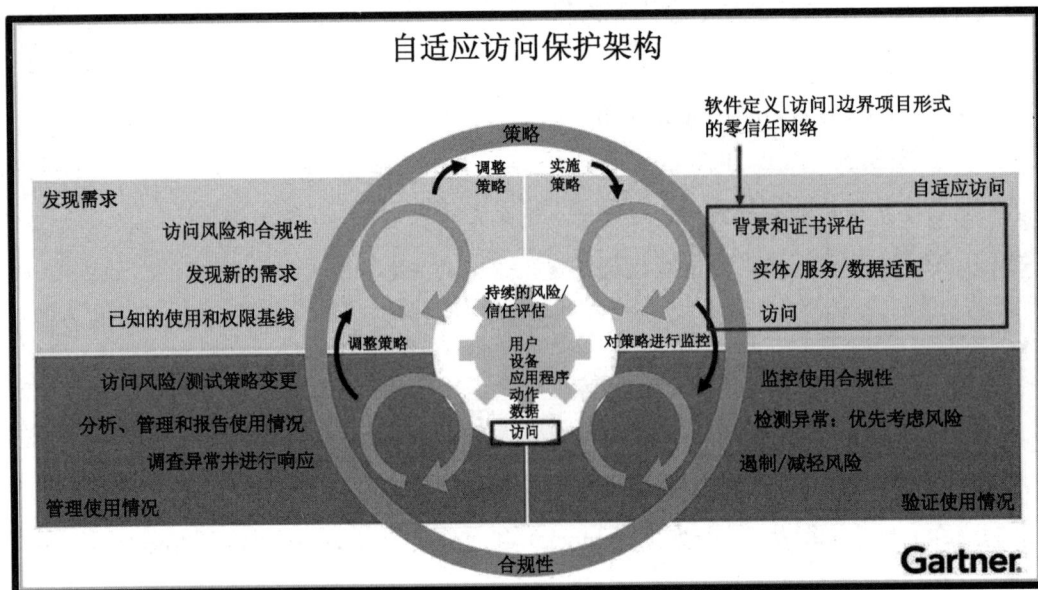

图 1-4　CARTA 自适应访问保护架构

构建：此阶段与 DevSecOps 的概念密切相关。它倡导在将安全风险构建到生产代码之前，始终对安全风险进行持续评估和识别，从而将安全性融入到整个开发过程中。由于许多现代应用程序都是使用开源软件库和自定义代码组合在一起的，因此组织需要确保在将这些软件库添加到程序之前，扫描它们的安全风险。同样，公司必须评估生态系统合作伙伴，包括与环境交互的第三方开发人员和数字服务提供商。

计划：最后，组织需要设定优先级。为了利用现代 IT 环境提供的新机会，业务领导者愿意接受多大的安全风险？如果你的组织决定迁移到公共云，你将如何解决该决定所固有的安全影响？如果你的员工更喜欢远程工作，为了支持远程工作，IT 环境需要如何升级？通过对现代 IT 环境进行思考并确定优先级，企业将能够更好地做出决策，并避免传统 IT 的非黑即白的决策过程。

实施 CARTA 将为企业和组织带来巨大收益：

- 大量无代理的物联网设备。

- 需要网络访问服务的外部供应商或合作伙伴。

- 主动 BYOD 策略。

- 大量的远程员工。

- 不断扩张的网络边界。

- 解决现有安全系统内部孤岛引发的问题。

- 解决关于使用未经批准的第三方应用程序的担忧。

这种复杂的网络会使企业拥有更多的用户，包括第三方用户。因此，与较小的网络环境相比，需要更多的监督和自动化。外部客户的访问为一些企业和组织带来了额外的挑战。除此之外，CARTA 还可以解决其他问题，如不安全的设备和从私人 Wi-Fi 连接访问。

如果发生漏洞，CARTA 模型可以缩短检测时间，并提供更快的响应。企业可以在大规模破坏发生之前关闭并缓解黑客活动，而不是从入侵发生到发现之间经过数周或数月。

⊚ 1.3.4　Netflix 的零信任 LISA 模型

Netflix 开发的 LISA 是一个跨组织的框架，它主要关注简化业务及为全球范围内的用户提供服务。它更关注用户的身份和状态，而不考虑用户的位置。通过对 LISA 模型的研究，你会发现在某种程度上它与谷歌 BeyondCorp 模型有很多相似之处。比如，对于提倡在家（或其他任何地方）工作的组织，即使是在加勒比海滩度假期间，只要用户经过正确的身份验证，并且设备满足所需的安全控制和合规级别，就可以使用这种模型。

LISA 模式是关于：相信身份和状态，而不是位置。

——阿巴斯·库德拉蒂

1.3.4.1　LISA 原则

LISA 模型基于三个核心原则。

1．相信身份和状态。

2．不相信办公室网络。

3．设备隔离。

LISA 模型的好处是，它通过禁止诸如"中间人"（MITM）攻击来减少攻击面。它充当身份验证、访问和检查的关卡。它还可以帮助用户检查端点的安全状况。

它有助于进一步简化网络架构，并且对企业或组织内外使用相同的解决方案。它几乎没有或者只需很少的定制开发。同时，它不与任何特定的服务供应商绑定。

LISA 模型通过促进管理你自己的设备（MYOD）和健康检查来管理端点（而不是集中管理）。Netflix 为用户身份和设备安全验证创建了他们自己的代码，将验证工具和验证策略合二为一。

在他们的办公室内，最终用户可以获得互联网连接和 VPN 服务；在办公室工作时，不提供其他服务。

谷歌的 BeyondCorp 模型影响了 LISA 模型，LISA 模型与谷歌 Beyond 的主要区别在于 BeyondCrop 在应用程序前使用代理而不是 VPN，而 LISA 使用 VPN 并且没有代理服务。LISA 模型与谷歌模型具有相似的原理，但功能集较小。

⊙ 1.3.5　Forrester 的 ZTX 框架

零信任现在已经有十多年的历史了。John Kindervag 对企业的研究和分析揭示了那些危险的"信任"假设已经成为网络的重要组成部分。他意识到人类的信任感不仅仅是一个简单的缺陷，并且这种缺陷遍布在企业网络中的各个角落，并会在未来几年内导致一次又一次的失败。

自 2010 年以来，攻击者已经入侵了数千家公司，窃取了数十亿条记录。这导致一些公司倒闭，一些政府遭遇地缘政治挫折，需要数年时间才能解决，许多公民对本国选举程序的公正性失去了信心。而这些漏洞的存在，使攻击者无需掌握高深的入侵技术，就可以对数据进行窃取和破坏。在这些漏洞中，大多数都是由基本的安全控制失误造成的，让那些别有用心的人有了可乘之机。

零信任的诞生并非出于向企业推销另一种安全控制或解决方案的需要。它是为了解决企业遇到的实际问题而产生的。在过去 10 年里，随着威胁和挑战的不断增加，Forrester 致力于将最初的概念构建成一个简单的框架，称为 ZTX。

ZTX 框架解决了零信任的架构和操作问题——即如何开始采用零信任方法，以及如何维护它。ZTX 介绍了如何在企业的技术堆栈中"构建"零信任。它帮助企业或组织了解如何选择实现零信任原则的解决方案，从而随着时间的推移实现其战略。

信任是当今信息安全的基本问题。如果当前的信任模式被打破了，我们该如何修复它？这需要一种新的思维方式。我们修复旧的信任模型的方法是寻找一种新的信任模型。Forrester 将这种新模型称为"零信任"。零信任模型很简单：安全专家必须停止像信任人一样信任数据包。相反，他们必须消除可信网络（通常是内部网络）和不可信网络（外部网络）的想法。在零信任中，所有网络流量都是不受信任的。因此，安全专家应做到以下几点。（1）必须验证和保护所有资源，（2）限制和严格执行访问控制，（3）检查和记录所有网络流量。这是 Forrester 零信任模型的 3 个基本概念。通过改变我们的信任模型，我们可以改变我们的网络，使它们更容易构建和维护；我们甚至可以使它们更高效、更合规、更具有成本效益。通过改变信任模型，我们减少了内部人员滥用或误用网络的问题，并提高了在网络犯罪发生前，成功拦截的机会。

在零信任模型中，安全专家必须做到以下几点：

● 确保所有资源都可以安全地访问，而不受位置限制：当你从网络中消除信任的概念时，需要确保所有资源都能被安全访问——无论流量是由谁创建的或来自哪里。

● 假设所有流量都是威胁流量，直到确定他们不是威胁流量：你必须做出这种假设，直到你可以验证流量是经过授权、检查和安全的。在实际工作中，这通常需要使用加密隧道来访问内部和外部网络上的数据。网络罪犯可以轻易地嗅出未加密的数据；因此，零信任要求安全专家保护内部数据免受内部人员滥用，就像他们保护公共互联网上的外部数据一样。

- 不管位置在哪或使用何种托管模式：当我们转向支持云的技术环境时，这一点尤其重要，因为许多数据都位于传统数据中心之外。此外，零信任还有助于解决与全球范围内推出的新数据隐私法规相关的数据驻留问题。零信任网络以数据为中心，具有强大的嵌入式数据控制机制。

- 采用最少权限策略，并严格执行访问控制：当我们正确地实施和执行访问控制时，默认情况下，我们有助于消除人们访问受限资源的诱惑。例如，2013 年，洛杉矶著名医院 Cedars-Sinai 解雇了 6 名员工，原因是他们访问了 14 名患者的受保护健康信息，其中包括 1 位知名人士。严格的访问控制不仅可以帮助防止恶意攻击，而且还可以防止发生令人尴尬甚至可能危及生命的事件。

- 为所有员工提供基于角色的访问控制：今天，基于角色的访问控制（RBAC）是由网络访问控制和基础设施软件、身份和访问管理系统以及许多应用程序支持的标准技术。使用 RBAC，安全专家将用户置于一个角色中，并基于该角色允许他们访问某些特定的资源。零信任没有明确地将 RBAC 定义为首选的访问控制方法。其他技术和方法将随着时间的推移而发展。重要的是其中的最小权限和严格访问控制的概念。同样重要的是，安全专家必须制定适当的身份和访问治理策略，以定期审查和重新认证员工的访问权限。

- 实施权限身份管理（PIM）以访问敏感系统：拥有敏感应用程序和系统管理权限的员工如果怀有恶意，可能会对公司造成严重破坏。他们可以删除敏感数据，甚至整个系统，还可以下载敏感数据。他们也经常成为黑客的目标，为了达到自己的目的而破坏他们的凭证。PIM 解决方案允许安全专家密切监视这些用户的活动，并要求他们通过密码来访问敏感系统。

- 检查并记录所有流量：在零信任中，有人将评估他们的身份，然后我们将允许他们基于该评估访问特定的资源。我们将只允许用户使用他们完成工作所需的资源。

但零信任并不止于此，它要求安全专家和风险专家做到以下两点：

- 持续检查用户流量是否有可疑活动的迹象：我们不相信用户会做正确的事情，而是验证他们是否正在做正确的事情。要实现这一点，我们只需将"信任但要验证"的想法改为"验证而绝不信任"。通过持续检查网络流量，安全专家可以识别异常用户行为或可疑用户活动（例如，用户执行大量下载或频繁访问系统或记录，他通常在日常工作中不需要这样做）。

- 连续记录和分析所有网络流量：零信任提倡两种获得网络流量可见性的方法：检查和记录。许多安全专家确实会记录内部网络流量，但这种方法是被动的，并且不能在这种新的威胁环境中提供必要的实时保护能力。零信任提倡这样一种观点，即必须检查流量并记录流量。根据我们的经验，并以 Heartland 支付系统、美国中央司令部被攻击，甚至 2013 年 Target 攻击等数据泄露为证，Forrester 认为他们很少对内部网络流量进行检查。零信任网络拓扑更容易将流量和日志发送到安全分析工具进行更深入的分析。

信息来源：https://go.forrester.com/blogs/tag/ztx/

⊙ 1.3.6 NIST SP 800-207 零信任架构

===

零信任（ZT）提供了一系列概念和思想，这些概念和思想旨在最大限度地减少在信息系统和服务中执行准确的、最小权限的访问决策时的不确定性。零信任架构（ZTA）是企业的网络安全计划，它利用零信任概念并包含组件关系、工作流规划和访问策略。

——美国国家标准与技术研究院

（NIST），美国商务部

===

1.3.6.1 NIST 零信任架构基础

公司或组织需要注意，零信任不是一种即插即用的设备或软件，可以安装在公司或组织的网络中并创造奇迹。正如本书第 2 章和第 3 章中所讨论的，它需要业务、IT 和安全文化的改变，以及一定的成熟度级别。

NIST 提出的零信任架构是企业和组织开始零信任之旅的详细指南。然而，没有一种完美的方法来实现零信任架构。在某种程度上，你可以修改现有的身份和访问管理工具来遵循零信任原则，但是采用正确的安全工具可以使你的零信任之旅更简单、更高效。一个好的开始是寻找提供所有网络通信实时可见性的解决方案。一旦你完全理解了你的网络，投资一个可以在动态网络环境中执行策略的强大策略引擎就可以在不增加复杂性的情况下实现零信任。

在实现基于 NIST 的零信任架构之前，需要定义和部署如下几个基本元素：

1. 定义设备：为了有效地实现零信任，企业需要将所有数据源和计算服务视为资源。可能包括那些需要共享数据的设备、软件即服务（SaaS）以及与网络连接和通信的不同类型的端点。

2. 安全通信：数据资产的所有访问请求必须满足当前的安全要求。数据资产可以位于企业拥有的网络基础设施或任何外部网络上——相同的安全验证必须适用于所有网络。永远不要使用隐式信任。

3. 基于会话的资源访问：在授权访问任何企业资源之前必须建立信任，并且信任必须只适用于事务期间。不能将对特定资源的访问授权扩展到访问其他的资源。

4. 基于属性的策略实施：策略是一组基于组织分配给用户、数据资产或应用程序的属性的访问规则。这些属性可以是设备特征，如软件版本、位置、请求时间等。还可以根据资源的敏感性定义用户或设备的行为属性。

5. 动态认证授权：授权访问、扫描和评估威胁以及不断重新评估信任，这必须是一个持续的过程。资产管理系统和多因素身份验证（MFA）需要与持续监控一起实施，以确保重新身份验证和重新授权是基于已定义策略的。

6. 策略微调：企业必须尽可能多地收集有关网络和通信当前状态的信息，使用这些数据不断改进其安全状况。这些数据提供的见解有助于在需要时创建新策略，并微调现有安全策略以实施主动保护（如图 1-5 所示）。

根据 NIST 的说法，实现零信任需要一个具有特定逻辑组件的体系结构或框架。该体系结构应该监视进入网络和网络内部的所有数据流，并控制对资源的访问，以确保不会发生隐式信任的情况。

因此，验证是零信任体系结构的核心。在授权之前，所有访问请求都应根据定义的安全策略进行验证。考虑到企业网络的复杂程度，可以通过部署允许跨数据中心和混合云环境执行基于上下文的动态策略的解决方案来简化零信任的实现。

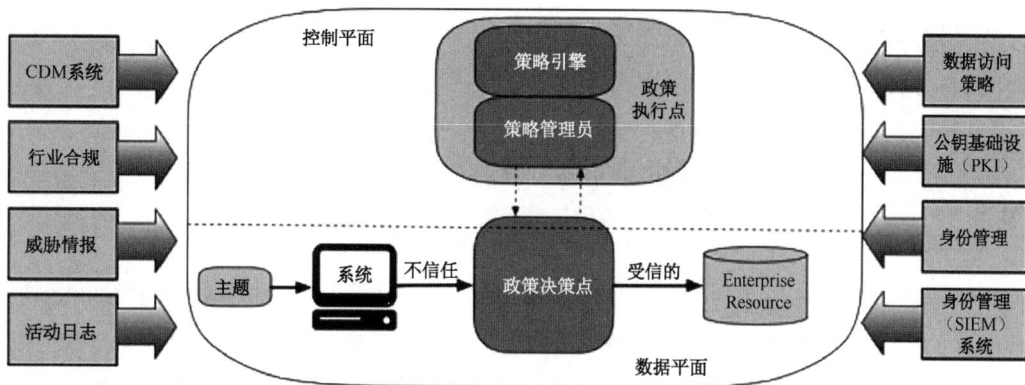

图 1-5　零信任核心逻辑组件

这可以在架构具有以下核心组件时实现：

- 策略引擎。
- 策略管理员。
- 策略执行点。

1.3.6.2　策略引擎

策略引擎是零信任体系结构的核心。策略引擎依赖于企业安全团队编排的策略以及来自安全信息和事件管理（SIEM）或威胁情报等外部来源的数据来验证和确定上下文。策略引擎决定是否授予对网络中的任何资源的访问权限。通过策略引擎与执行决策的策略管理员组件通信。然后根据企业定义的参数授予、拒绝或撤销访问权限。

1.3.6.3　策略管理员

策略管理员组件负责执行策略引擎确定的访问决策。它能够允许或拒绝主体和资源之间的通信路径。一旦策略引擎做出访问决策，策略管理员就会通过与称为策略实施点的第三个逻辑组件通信来允许或拒绝会话。

1.3.6.4　策略执行点

策略实施点负责启用、监视和终止主体与企业资源之间的连接。理论上，这被视为零信任体系结构的单个组件。但在实践中，策略实施点有两部分组成：1）客户端，可以是笔记本电脑或服务器上的代理。2）资源端，作为控制访问的网关。

1.3.7　Open Group 零信任方法

零信任为用户、数据/信息、应用程序、应用程序编程接口（API）、设备、网络、云等提供安全，而不是强迫他们进入一个"安全"的网络。换句话说，零信任将"通过安全来限制业务"的角色转变为"通过安全来支持业务"。

——www.opengroup.org

Open Group ZTA 工作组将零信任定义为"在任何平台或网络上专注于数据/信息安全（包括生命周期）的信息安全方法"，将零信任架构定义为"零信任安全策略的实现，该策略遵循定义良好且有保证的标准、技术模式和指南"。

Open Group ZTA 工作组认为，除了最小化需要防范的威胁空间之外，零信任还减少了漏洞的影响区域或影响范围。零信任使组织能够在假定违约的情况下保持敏捷性和运营能力。

1.3.7.1　Open Group 对零信任的关键要求

已经讨论过的关键驱动因素有助于定义零信任必须支持的功能要求。如图 1-6 所示，这些要求往往会破坏现有的流程和模型，定义现代信息安全架构必须支持数字时代的需求（如图 1-7 所示）。

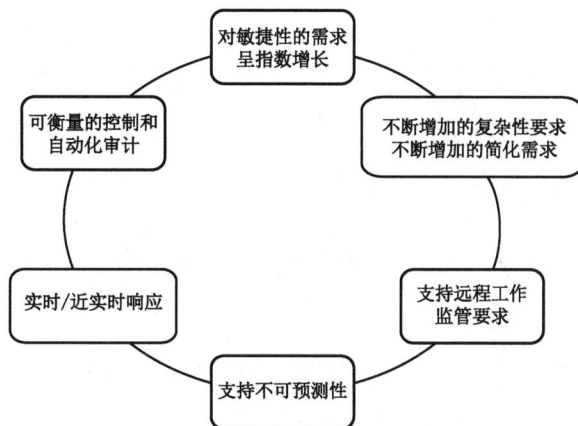

图 1-6　零信任需求

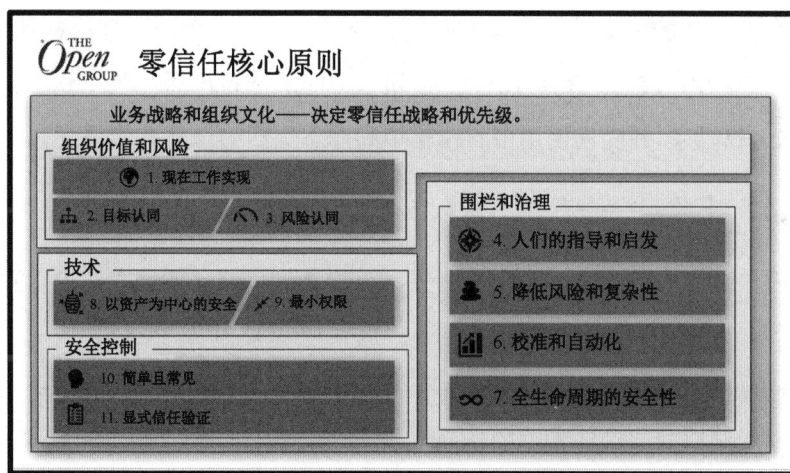

图 1-7　Open Group 的零信任核心原则

来源：www.opengroup.org/forum/security/zerotrust

以下是来自源网站的 Open Group 零信任原则的快速摘要。

1.3.7.2　组织价值和风险协调

1. **现代工作实现**：组织生态系统中的用户必须能够在具有相同安全保证的任何位置

的任何网络上工作，从而提高生产力。

2．目标认同：安全性必须与风险承受能力和阈值内的组织目标保持一致，并实现组织目标。

3．风险认同：必须使用组织的风险框架，并考虑组织的风险承受能力和阈值，对安全风险进行一致的管理和度量。

1.3.7.3　围栏与治理

1．人们的指导和启发：组织治理框架必须以明确的决策所有权、策略和远大愿景来指导人员、流程和技术决策。

2．降低风险和复杂性：治理必须既降低复杂性（即简化），又减少威胁攻击面。

3．校准和自动化：策略和安全成功指标必须直接映射到组织的使命和风险要求，并且应该有利于自动执行和生成报告。

4．全生命周期的安全性：必须在数据、交易或关系的生命周期内持续进行风险分析，并确保机密性、完整性和可用性。必须尽可能降低资产敏感性（例如，删除敏感/受监管数据、权限），并应为使用中、传输中和静态数据的风险提供保证。

1.3.7.4　技术

1．以资产为中心的安全：安全性必须尽可能接近资产（例如，通过以数据为中心和以应用程序为中心的方法，而不是以网络为中心的策略），从而提供一种量身定制的策略，最大限度地减少生产力中断。

2．最小权限：对系统和数据的访问权限必须只在需要时授予，在不再需要时删除。

1.3.7.5　安全控制

1．简单而常见：安全机制必须简单、可伸缩，并且易于在整个组织生态系统（无论是内部的还是外部的）中实现和管理。

2．显式信任验证：完整性和信任水平的假设必须根据组织的风险阈值和容忍度进行明确的验证。在允许资产和数据系统与任何人或其他任何系统交互之前，必须对其进行验证。

⊙ 1.3.8 微软的零信任原则

微软将零信任原则提炼为 3 个方面：显式验证、使用最小特权访问和假定违约。微软将这些原则用于我们对客户、软件开发和全球安全状态的战略指导。

- 显式验证：始终基于所有可用数据点进行身份验证和授权，包括用户身份、位置、设备运行状况、服务或工作负载、数据分类和异常情况。
- 使用最小权限访问：通过及时访问（just-in-time access，JIT）和"刚好够用的访问权限（just-enough access，JEA）"、基于风险的自适应策略和数据保护来限制用户访问，以提高保护数据的能力和生产力。
- 假定违约：尽量减少影响范围和分段访问。验证端到端加密，并使用分析来获得可见性、驱动威胁检测，并改进防御（如图 1-8 所示）。

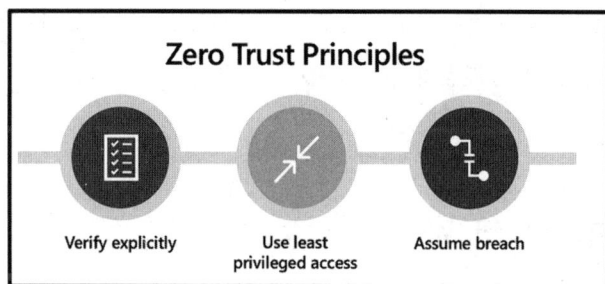

图 1-8 微软零信任原则
来源：http://aka.ms/zerotrust

1.4 零信任为何如此重要

零信任是组织控制对其网络、应用程序和数据的访问的最有效方法之一。它结合了广泛的防御技术，包括身份验证和行为分析、微隔离、数据安全、端点安全、最小权限控制，以及对数据关键性和敏感性的理解，从而阻止潜在的攻击者，并限制他们在违规事件中的访问操作。

仅仅建立防火墙规则并通过数据包分析来阻止是不够的——在网络外围设备上通过了身份验证协议的受损账户，仍然应该为它试图访问的每个后续会话或端点进行评估。有了识别正常和异常行为的技术，组织可以加强身份验证控制和策略，而不是假设通过VPN 或安全 Web 网关的连接，就意味着连接是完全安全和可信的。

随着公司在其网络中不断增加端点的数量，并将其基础设施扩展到包括基于云的应用程序和服务器，这一附加的安全层至关重要——更不用说对于那些微型站点和本地托管的其他机器、虚拟机（VM）或通过 SaaS 托管的服务账户的爆炸式增长。这些趋势使得建立、监控和维护安全边界更具挑战性。此外，无边界安全策略对于拥有全球员工的组织至关重要，这些组织可以为员工提供远程工作的能力。

最后，通过按身份、组和功能划分网络并控制用户访问，零信任安全有助于组织控制违规行为，并将潜在危害降至最低。这是一项重要的安全措施，因为利用滥用凭据（内部人员或已泄露的凭据）可能会策划一些最复杂的攻击。

1.5 零信任的优势

零信任的核心目的是理解和控制用户、进程和设备如何访问网络、数据和资源。可以通过用户、设备和任何其他与安全相关的信息（例如，位置、一天中的时间、用户或设备之前记录的行为）的组合作为授予访问权限的依据。

在授予对数据、网络或资源的访问权限之前，对所有请求进行身份验证。实现 ZTA的结果是获得一个受控的环境。

通过简化和标准化方法，ZTA 可以成为业务和新业务机会的推动者。

ZTA 为组织带来的一些收益是：

1．改善网络安全，降低泄露风险

● 减少攻击面及其影响。

● 通过降低攻击者在系统中移动的能力，来限制攻击者的行为。

● 改进平均确认时间和平均检测时间。

2．强大的身份识别和对可信访问的更多关注

● 强大的身份验证，密码安全性[无密码和多重身份验证（MFA）]。

● 设备和网络访问以及用户和资源访问的细粒度权限控制。

● 强制最小权限，集中访问控制。

● 改进用户体验和员工灵活性。

● 持续对身份及资源的授权进行验证。

● 基于上下文的访问控制。

● 基于角色和行为的数据保护。

3．改进安全监控和分析

● 高级日志记录和监控提供了整个企业的更大可见性。

● 监视用户（实体）行为的分析。

● 网络隔离和微隔离提高了检测和快速隔离攻击影响的能力。

● 微隔离通过细粒度授权方便了对每个资源的访问控制。

● 对所有攻击面进行持续监控可以更容易地检测数据泄露并执行适当的响应。

● 利用 JIT 和 JEA 改进资源保护。

4．改进的合规管理

● 持续用户（实体）行为监控，可以实现持续审计和持续合规性。

● 通过采用微隔离和最小权限，减少了法规遵从性范围，同时支持合规性目标。

5．简化、成本效益和其他潜在效益

● 降低成本。

● 简化 IT 管理设计。

- 改进对业务关键数据和客户数据的保护。
- 安全的远程访问。
- 持续并逐步提高合规性。

1.6　重新定义零信任原则

你可以看到 NIST、Open Group、Forrester 和微软在原则上的相似之处。我们希望提供各种规模的组织都可以考虑和采用的原则。没有必要将所有原则都应用于每个组织。根据你的需求和组织成熟度，你可以选择正确的原则来开发零信任计划。

零信任模型不是假设企业防火墙后面的所有东西都是安全的，而是假设每个请求都已经被攻破，并像来自开放网络一样验证每个请求。不管请求来自哪里，也不管它访问了什么资源，零信任要求我们"永远不要信任，总是需要进行验证"。在授予访问权限之前，每个访问请求都需要经过全面的身份验证、授权和加密。应用微隔离和最小权限访问原则来最小化攻击者的横向移动。利用丰富的情报和分析来实时监测和响应异常。

下面的原则附带了其他的观点，适用于各种规模的组织。

- 重新检查所有默认的访问控制。
- 微隔离。
- 防止横向移动。
- 利用各种预防技术。
- 启用实时监控和控制，以识别和阻止恶意活动。
- 与更广泛的安全战略保持一致。

1.6.1　重新检查所有默认访问控制

在零信任模型中，没有可信源这样的东西。该模型假设潜在的攻击者同时存在于网络内外。因此，访问系统的每个请求都必须经过身份验证、授权和加密。

1.6.2　微隔离

零信任网络也使用微隔离技术。微隔离是将安全边界划分为更小的区域，以保持网络不同部分的独立访问。例如，使用微隔离的数据中心中的单个文件网络，它可能包含数十个单独的安全区域。如果没有单独授权，访问这些区域之一的个人或程序将无法访问任何其他区域。

1.6.3　防止横向移动

在网络安全中，"横向移动"是指攻击者在获得网络访问权限后在网络中移动。即使攻击者的入口点被发现，横向移动也很难被检测到，因为攻击者将继续破坏网络的其他部分。通过零信任，可以实现被攻击面的最小化，因为 ZTA 只允许在应用程序级别，而不是在网络级别进行访问，因此知识产权（IP）堆栈在一定程度上得到了保护，并且可能驻留在基础设施上的底层漏洞将无法被访问。

零信任旨在遏制攻击者，使其无法横向移动。由于零信任访问是分段的并且必须定期重新建立，因此攻击者不能跨到网络中的其他微段。一旦检测到攻击者的存在，就可以隔离受损的设备或用户账户，切断其进一步访问的可能。但在城堡和护城河（castle-and-moat）模型中，如果攻击者可以横向移动，隔离原始受损设备或用户几乎没有作用，因为攻击者已经到达了网络的其他部分。

1.6.4　利用各种各样的预防技术

零信任模型依赖于各种预防技术来阻止违规行为并将其损害降至最低：

- **身份保护和设备发现**是零信任模型的核心。将凭据和设备保持在审计就绪状态（知道存在哪些设备以及每个设备上有哪些凭据）是零信任的第一步，它建立了扩展网络生态系统中正常和预期的情况。了解这些设备和凭据的行为和连接方式后，组织可以采用有效的身份验证并针对异常情况提升身份验证级别。

● 多因素身份验证（multi-factor authentication，MFA）是目前最常用的确认用户身份、提高网络安全性的方法之一。MFA 依赖于两个或多个凭证，包括安全问题、电子邮件或短信确认，或基于逻辑规则来评估用户的可信度。组织使用的身份验证因子的数量与网络安全性成正比，这意味着采用更多的身份验证点将有助于加强组织的整体安全性。

零信任还通过最小权限访问来防止攻击，这意味着组织向每个用户或设备授予尽可能低级别的访问权限。在发生漏洞时，这有助于限制网络的横向移动，并最大限度地减少攻击面。

⊙ 1.6.5 启用实时监控和控制，快速识别和拦阻恶意活动

虽然零信任模型本质上主要是预防性的，但组织还应该结合实时监控功能来缩短他们的"突破时间"——从入侵者入侵第一台机器到他们可以横向移动到网络上其他系统之间的关键窗口。实时监控对于组织检测、调查和补救入侵的能力至关重要。

身份监测需要实时进行，因为它们发生在域控制器上，而不是仅仅记录并传递给微隔离 SIEM。针对凭证的暴力攻击和对域控制器等关键系统的可疑移动，微隔离需要在事件发生时及时拦阻，然后发送到监控系统以核对其他入侵和尝试。

⊙ 1.6.6 与更广泛的安全战略保持一致

零信任架构只是全面安全策略的一个方面。此外，虽然技术在保护组织方面发挥着重要作用，但仅凭数字能力并不能防止数据泄露。公司必须采用集成各种端点监控、检测和响应功能的整体安全解决方案，以确保其网络的安全。

公司应该尽可能检查（并更新）旧的或过时的身份验证协议，如 LDAP 和 NTLM，消除身份攻击的"轻松访问"。根据安全建议，所有设备、服务、应用程序和硬件都应该

在供应商宣布新的零日漏洞（zero-day vulnerabilities）时尽快修补。

最后，正如我们从最近的 Sunburst 攻击中了解到的那样，即使对普通系统进行看似无害的软件更新也可能造成潜在的损失。拥有一个可靠的事件响应计划以及业务连续性和恢复计划将有助于应对任何意外事件或潜在的违规行为。

1.7 人人零信任

越来越流行的零信任安全策略背后的概念很简单：不相信任何人。具体来说，零信任可以帮助每个组织和机构实现、执行和维护严格的访问控制，具体做法是采用一种安全方法，在这种方法中，IT 团队和安全团队默认不信任任何人或任何操作——即使用户已经在网络边界内。在网络访问方面，零信任从对每个人（政府、企业、小型企业和消费者）的默认拒绝状态开始。

相反，用户在被授予对系统、IP 地址、机器等的进一步访问权限之前，必须进行身份验证，并且根据需求和风险对每个事务进行评估。在企业中，零信任的最大好处是更强的访问控制和最小化过度授权、降低不必要的或过期的用户权限相关的风险。

1.7.1 政府

乔·拜登总统于 2021 年 5 月 12 日签署了网络安全行政命令，要求美国联邦政府采用 ZTA。这引发了几个问题。如果信任不利于网络安全怎么办？为什么政府和私营部门的大多数组织都这样做？

2020 年，美国地方政府、医疗机构和学校至少发生了 2354 起勒索软件攻击事件。尽管没有确切数字，但勒索事件造成的损失似乎在 2020 年翻了两倍，每起事件带来超过 30 万美元的损失。如今，勒索软件攻击也变得越来越复杂。

随着联邦机构继续支持大量远程工作人员，IT 领导者已经开始探索并拓宽他们对零信任安全架构的思考。渐渐地，他们越来越熟悉这个概念，并开始寻找为部署该架构所需的基础。

零信任代表了网络安全的一种思维转变，即在授予用户和设备访问权限之前，每笔交易都要经过验证。在联邦政府中，这仍然是一种相对较新的方法，可以看到一些试点项目。然而，IT 领导者似乎意识到网络安全模型将越来越多地通过零信任架构来定义。

在美国，国防部、教育部和小企业管理局（Small Business Administration）等机构都对"零信任"表示欢迎，并将其纳入了各自的发展蓝图。

⊙ 1.7.2　企业

现在和可预见的未来，企业有很多充分的业务理由来采用零信任模型。

- 基于边界的安全性在不断发展的企业中是无效的：企业开展业务和使用数字技术的方式正在不断发展，而且速度越来越快。这些数字化转型正在使传统的基于边界的网络安全模型变得无效和无关紧要，因为边界不再定义安全实施的范围。

只有零信任安全性采用微观级别的方法来验证和批准网络中每个点的访问请求。最小权限的概念意味着没有人可以无限制地访问整个系统。相反，每个请求都需要持续监控和验证，以获得对网络不同部分的访问权。如果确实发生违规行为，微隔离将防止横向移动，并最大限度地减少入侵者可能造成的损失。

- 关键应用程序和工作负载正在从公司拥有的数据中心转移到公共云或混合云。现在，安全领导者需要重新考虑有关人员和数据中心安全工具、技术、流程和技能的传统信任假设。

这种新的云环境需要一个责任共担模型，其中某些安全工作由云供应商提供，而其他方面则由企业承担。对基础设施的信任的基本假设不再相同。零信任模型可以应用于这种共同的网络安全责任。

- 因特网是一个不安全的网络：随着应用程序和工作负载不断转移到云端，用户可以远程访问它们。这意味着网络不再是安全的企业网络。相反，这是一个不安全的互联网。大多数企业用来阻止攻击者的网络边界安全和可见性解决方案已经不再适用。隐式信任的概念不再有效。

零信任采用最小权限原则和"始终验证"原则，在网络中提供完整的可见性，无论是在本地数据中心还是在云端。

- 在不断扩大的员工队伍中，每个人都不应该拥有所有的权限：企业开展关键业务的方式和执行关键职能所依赖的人员都发生了变化。网络用户不再仅仅是员工和顾客。许多访问业务应用程序和基础设施的用户可能是为系统提供服务的供应商或合作伙伴。

这些非员工都不需要或不应该访问所有应用程序、基础设施或业务数据。甚至员工的职责也进行了详细地划分，因此不需要访问整个网络。执行良好的零信任策略允许基于信任的关键维度进行身份访问验证。这使得企业能够更精确地控制访问，即使是那些拥有更高权限的人也不例外。

- 无法验证所有在家工作（WFH）环境的安全状态：在新冠疫情之前，远程工作并不少见。然而，由于新冠疫情大流行后在家工作已成为新常态，纯粹基于既定地理位置（如公司总部）的安全技术和流程已不再适用。对于远程工作人员，不安全的 Wi-Fi 网络和设备将成倍增加安全风险。

企业必须假设员工的 WFH 设置和环境不像办公室那样安全。他们的 Wi-Fi 路由器没有配置为 WPA-2。他们的物联网设备，比如他们的婴儿监视器或智能恒温器，运行着各种各样的安全协议。如果没有像零信任架构这样的整体安全系统，企业将无法判断员工是否在安全的网络工作环境中工作。

- 自有设备（BYOD）不如工作设备安全：在 WFH 的新常态下，员工使用的设备不太可能是雇主指定的。雇主拥有的笔记本电脑和手机通常都是通过安全工具和策略进行管理、打补丁和更新的。然而，由于每个人都在远程工作，员工可能会忘记基本的网络安全技能,开始使用自己的设备访问工作网络或应用程序。或者他们可能会在 Zoom 会议间隙用工作用的笔记本电脑在网上购物。

即使零信任安全架构不能强迫在家工作的员工只在工作时使用工作设备,但它可以控制潜在的安全漏洞,这是基于"不信任任何人,需要验证一切"的规则,在网络中的每个节点上都执行访问控制。

- 网络攻击不断增加:网络攻击每年都在激增,似乎没有哪个行业可以幸免。在新冠疫情期间,由于疫情相关的原因,黑客关注医疗保健和零售行业。不堪重负的医院和忙于研发疫苗的制药研究实验室,都成为网络攻击的理想目标。他们面临的风险如此之高,以至于他们愿意支付巨额赎金来确保业务连续性。网络犯罪分子把目标对准了在线零售商,这些零售商因为民众居家隔离的缘故,他们的在线交易需求不断增加。黑客还对金融机构,甚至是公共交通服务提供商发起攻击。

有了零信任架构,这些企业可以建立更好的安全态势,并具有网络弹性。这样一来,它们就不会那么容易受到安全漏洞的攻击,并能更好地遏制和减轻财务或声誉损失。

- 安全风险日益增加:网络犯罪分子不再通过分布式拒绝服务(DDoS)攻击来破坏业务,而是开始一场持久战。网络攻击已经发展到以用户数据、财务数据和核心业务内容(如知识产权或专利)为目标——基本上是任何可能有价值的内容。核心政府系统、武器系统、核电站,甚至选举都处于危险之中。由于风险如此之高,在社会和政府的各个层面,强大而有弹性的网络安全战略至关重要。

无论在跨国企业还是政府机构中,零信任架构都将改善网络安全状况,增强网络弹性,从而最大限度地遏制入侵事件的发生。

总之,基于边界反应性方法的原有传统安全策略已经成为历史。企业必须积极主动并立即采用零信任,从而为其客户、合作伙伴和员工提供满足未来要求的网络安全解决方案。

现在是时候将安全作为保护、检测和减轻当代威胁的首要事项了。只有这个新一代零信任安全框架提供了网络可见性和持续监控,通过验证每个访问请求并仅在满足某些条件时才授权访问，从而允许信任是动态的且基于上下文的。

⊙ 1.7.3 中小型企业

大多数成功的小企业和成长中的初创企业都有一个共同点，那就是快速发展。他们雇佣新员工并与新的承包商合作，这些企业可能在几天内就增加一个办公地点，而不是传统的几个月或更长时间。每个新员工、承包商和其他供应商都可能通过账户登录到业务系统当中，并即刻开始工作。

小型企业和初创企业的发展速度太快，以至于人们常常认为，提高安全性会让他们放慢速度。在一个零信任的世界里，他们不需要花费很多时间来牺牲安全。遵循零信任路线图可以保护他们的系统、宝贵的知识产权和宝贵的时间，从而最大限度地降低受到攻击的风险。

以下是小企业和初创公司需要在他们的零信任路线图中包含的内容，从而减少费时、代价高昂的违规行为的可能性，这些违规行为不仅会导致数据泄露，还会让这些企业在市场中失去前进的动力：

● 立即为每个承包商、管理用户和合作伙伴账户设置 MFA。强烈建议实施 MFA，因为它可以降低权限访问凭证滥用的风险。

● 利用密码堡垒（密码存储库）来降低由权限访问滥用而遭破坏的风险。对于任何依赖知识产权、专利、开发中的源代码和对公司增长至关重要的专有数据的企业来说，密码库都是必不可少的。密码库通过首先识别系统账户，然后在检索密码之前验证系统账户，确保只有受信任的应用程序可以请求权限账户凭据。密码库的另一个主要优势是它们最大限度地减少了小型企业和初创企业的攻击面。

● 需要实施安全远程访问，从而确保员工、第三方公司和 IT 系统承包商获得最少的权限，只能访问他们需要访问的资源。快速发展的小企业和初创企业往往没有专业的 IT 系统管理人员。在许多这样的公司中，服务器的管理和维护以及其他与 IT 相关的工作都是由同一个人完成的，因为这样成本更低。安全远程访问基于"从不信任、始终验证、强制最小权限"的零信任方法来授予对特定资源的访问权。

- 通过实现实时审计和监控，跟踪所有权限会话并对所有系统中的所有内容进行元数据审计，以全面了解意图和结果。我们创建并添加了正在进行的登录和资源尝试的列表，这对于发现安全事件最初是如何开始的以及满足合规性需求非常重要。基于从实时审计和监视服务创建的记录，更容易识别和阻止权限凭证滥用。随着小型企业和初创公司的发展，实时审计和监控产生的数据在证明权限访问受到控制和审计以满足 SOX、HIPAA、FISMA、NIST、PCI、MAS 和其他监管标准的法规遵从性要求方面非常重要。

- 对网络设备的权限访问凭据需要成为零信任路线图的一部分。小型企业和初创企业面临着时间仓促的问题，有时会忘记更改制造商的默认密码，这些密码通常很简单，并且这些默认密码被黑客社区所熟知。这就是为什么需要优先考虑将基于零信任权限的安全路线图和策略运用于网络设备组合中。安全管理员需要在共享账户和密码库中考虑这些因素。

对于外包 IT 公司和安全管理的小型企业，零信任路线图的核心元素为他们提供了安全登录和"从不信任、始终验证、执行最小权限"的策略，并且策略可以随业务进行扩展。使用零信任权限管理，小型企业和初创公司将能够根据验证谁在请求访问、请求的上下文和访问环境的风险来授予最小访问权限。

⊙ 1.7.4　消费者

消费者如何采用零信任方法来保持安全？这是一个有趣的问题，因为它涉及消费者与企业零信任的概念。企业零信任更多的是关于"互联网优先"的身份验证功能，这个问题更多地涉及最终用户教育，将"不相信任何人"作为一个基本要素。

也就是说，从教育的角度来看，每个人都需要明白，网络攻击和骗局在假期等特定时期会激增。生活在一个普遍连接的世界的代价是，我们现在受到普遍的攻击，而抵御这种持续威胁的唯一方法是采取零信任的心态。这意味着消费者不应该相信任何人，每一种沟通方式的另一端都是黑客或者骗子——无论是 UPS 的电子邮件、社交媒体上的宣传、要求慈善捐款的电话营销人员，甚至站在你家门口敲门的人。

下面给出一些建议，消费者可以注意这些建议以提高防范意识，并预防犯罪分子对你的端点、电子邮件和互联网体验的潜在攻击。

- 要注意，网络钓鱼攻击在假期期间处于历史最高水平，你需要质疑任何通过电子邮件或在线要求提供个人信息的请求。虚假的货运邮件在节日期间尤其常见。

- 不要相信慈善机构和企业的电话推销，因为它们可能是骗局。老年人是骗子最喜欢的目标，因为他们往往有储蓄，而且相信电话所说的内容。

- 密切监控信用卡对账单。考虑到已发生的数据泄露事件的数量，假设信用卡号码在今天就被盗是一个安全的选择。具有讽刺意味的是，被盗卡号的绝对数量使当今消费者得到了最佳的保护，因为犯罪分子无法判断哪些卡号依旧在使用。

- 对社交媒体上任何"好得令人难以置信"的交易保持警惕，因为它们可能试图引导人们访问恶意网站或窃取个人信息。旅游诈骗在节假日期间尤其猖獗。

- 网络犯罪分子不仅仅通过个人联系信息和社交媒体资料来瞄准消费者，他们还会寻找专业的电子邮件地址和账户。由于每个员工都是消费者，许多员工在公司网络中查看他们的个人账户，使他们的公司面临风险。

每个人都应该考虑采用零信任习惯来保护个人安全，并且这些习惯应该继续保持下去。事实上，对于任何使用联网设备的人来说，这将是完美的新年目标。假期期间攻击和诈骗可能会激增，但它们并没有随着新年假期的结束而消失。零信任成为个人安全实践的核心组成部分可以帮助每个人全年免受网络攻击。

1.8　本章小结

- 网络攻击和勒索软件的兴起，唤醒了世界各地的商业领袖，让他们认识到一个新的现实。对网络和数据安全的威胁已经超出了许多传统安全解决方案所能防御的范围。

- 零信任模型假设所有用户或设备在经过验证之前都是不可信的。当用户或设备要求访问资源或网络时，需要在授予访问权限之前对其进行验证。零信任是组织控制对其网络、应用程序和数据访问的最有效方法之一。

- 流行的零信任原则是由 NIST、Open Group、Microsoft 和 Forrester 推荐的。另外还提出了一些可能与各种规模的组织有关的原则。今天的组织有各种各样的标准和框架可以参考，选择最适合你组织的文化和风险偏好的框架。

- 要实施 ZTA，组织需要考虑超越集成安全工具的想法，这些安全工具受现有组织安全策略的支持。我们应该将零信任视为指导原则，引导人们就我们的组织如何运作以及需要采用哪些流程和技术来更安全地开展工作进行坦诚对话。

- 零信任模型规定，信任应该明确地从身份和基于上下文的内容混合派生而来。这个名字的由来是因为当涉及网络访问时，零信任从对每个人（政府、企业、小企业和消费者）的默认拒绝姿态开始。

安全性可以按照我们二十多年来的行事方式进行更长时间的发展。我们需要一种新的做事方式来使用我们的模型。零信任是每个安全计划未来的基础。然而，零信任是一段旅程，不会一蹴而就。

——Netskope 首席战略官，Jason Clark

第 2 章

零信任——颠覆商业模式

Gartner 估计，到 2023 年，60%的企业将转向零信任网络。另一项全球研究显示，42%的企业计划采用零信任战略，并已经处于早期实施阶段。

在本章中，我们将详细介绍零信任的业务要求，分享我们对零信任如何打破当前和未来的业务模式的看法。

2.1 为什么商业领袖关心零信任

在数字时代，许多传统行业、产品和服务已经转移到线上运营，这要么是企业数字化发展的一部分，要么是由 2020—2022 年新冠疫情带来的新的运营需求。因此，各行各业的公司都在走向数字化。这使得安全和隐私问题成为企业高管们关注的焦点。

更高层次的客户（以及最终用户）期望企业快速改变，并希望提供数字体验。安全和隐私正在经历类似的演变，零信任的安全理念、平台和服务可以影响你的业务服务交付，并改变你的设计品牌、客户体验，推动变化的速度、业务的便捷性，甚至企业声誉。

在后互联网时代中，网络和安全架构是为稳定性、刚性和控制而设计的，而不是为支持快速业务发展所需的敏捷性而设计的。就其本质而言，它们都缺乏灵活性。数据的增加需要带宽的增加。流量激增了吗？添加更多的设备。转向在家工作？添加更多的设备。对于使用重复的安全设备堆栈的企业来说，操作准确性、性能优化和业务敏捷性的理想仍然只是空想。

▶ 2.1.1　敏捷性推动数字化转型

在每个行业中，新参与者都会利用敏捷性进行颠覆。零信任架构提供了敏捷性，以及更好的安全性，并且性能更好。利益相关者必须对商业领袖提出更多要求。如果这些业务领导者要从头开始设计运营基础设施、工作流程和运营方法，他们会像现在这样做吗？如果这些领导者可以采用零信任架构（ZTA）来提供更好的安全性、更高的敏捷性、显著降低的成本和显著降低的风险，他们为什么不呢？

ZTA 允许将安全重点转移到共享的业务目标上。通过这种方式，ZTA 可以将 IT 部门从"说不"的部门，转变为"我们可以解决"的部门。

对于企业 IT 部门来说，使用零信任架构的企业安全数字转型似乎是一个简单的选择：更好的安全性、更好的弹性、更快的性能和更低的成本。在数字竞争中，速度至关重要，需要以惊人的速度推动变革。在传统环境中，对遗留的 DMZ 防火墙基础设施进行任何更改都是一个繁琐的过程，仅能在业务低谷期和周末进行的变更。基于云的 ZTA 是动态的，具有基于策略的安全性，可以动态地进行调整。当企业的快速迭代导致每天都会做出 20 次改变时，每月一次的改变将是无法接受的。

基于云的 ZTA 提供了企业安全的下一个发展方向。但这个简单的事实不应掩盖它对客户企业的切实影响：ZTA 是一种可带来商业利益的业务解决方案。

坚持（或默认允许其 IT 部门继续使用）过时的安全模型的企业领导者这样做是在冒险，这会使他们的生计面临着巨大的风险，他们的组织也同样面临着巨大的风险。这样做会限制组织的敏捷性，产生不必要的开销，阻碍增长，并使运营管理变得更加复杂。

继续使用不安全的过时基础架构的企业领导者要么为过时的做法进行辩护，要么进行现代化改造。为什么该组织从事网络安全业务？它能否比拥有数千名安全专家或 24/7

全天候工作以阻止最新的敌对威胁的云边缘服务提供商更好地保护其企业数据、用户、资产和相关资源？它能预测下一个供应链威胁吗？可以即时应用补丁吗？

2.1.2　新的（降低的）经营成本

采用 ZTA 的组织已经大大减少了他们对多协议标签交换（MPLS）网络和基于硬件安全性的依赖，这已经从 IT 预算中削减了数千万美元。它还提供了更好（更快）的连接性能，更高的安全性（具有完整的 SSL/TLS 检查），以及更好的移动设备访问性能，当公司转向远程工作时，这一点尤其有价值。由于效率的提高，IT 人员可以专注于战略性的关键业务目标。

参考第 5 章中给出的客户案例研究，了解客户如何通过采用 ZTA 降低成本并提高敏捷性。

2.1.3　商业领袖对支持采用零信任的承诺

企业领导人可能不太了解数字安全风险。他们的技术专长可能有限。因此，如果他们不知道提议的内容，他们可能会犹豫是否批准与安全相关的投资。

知道了这一点，负责企业网络安全的领导者可能会考虑从业务风险的角度来构建他们与高管的对话。它们可以具体说明"默认信任"策略如何使攻击者有可能影响关键任务的运行和企业的利润。然后，他们可以将其与支持业务目标的零信任模型进行对比。量化风险可能会简化你与业务领导者的对话，让他们了解 ZTA 如何降低组织因数据被盗、恶意软件和勒索软件攻击而带来的风险。

如果没有足够的预算或支持，你将无法成功地实现零信任。确保领导层了解每一步的进展情况符合你的既得利益。通过商业语言、试点项目和简单的指标，你可以与高管们一起培养一种零信任的文化，同时获取实施零信任方案所需的资金。

2.2　零信任始于文化

说到零信任，如果你是组织中唯一一个专注于零信任的人，你不会有太大的成功。在你的组织中创造一种"零信任"的文化是至关重要的。这意味着扩大对话范围。我们需要让所有人都参与进来——商业领袖及风险管理、IT、人力资源、财务等多个部门。我们的商业领袖一定会问的第一个问题是："你是什么意思，我们不能信任任何人？"要成功地经营一个组织，我们需要信任。信任是商业的基础。

零信任与个人无关，它关注的是数据包。我们可以信任个人，但我们不必信任通过设备和网络连接到个人的数据包，这些设备和网络是我们组织的命脉。

零信任不仅仅是一个架构，也是一种哲学。要改变组织的文化，你需要一种强大的、基本的哲学。

2.2.1　了解你的组织

当然，在确定通过采用 ZTA 可以预期的潜在业务模型变更之前，了解你的组织是最基本的步骤。那么，如何确保你在进行有意义的对话，并为零信任建立正确的文化呢？每个组织都是不同的，不同的数字技术改变了我们的工作场所，并为用户和客户创造了新的期望。

例如，在大学里，学术自由的概念是高等教育的驱动价值之一。这对于保护研究的活力至关重要。然而，假设有教授认为大学根本不应该有防火墙，因为它可以用来监控用户，或者它可能会减慢互联网连接速度。这种情况表明该组织没有"安全第一"的理念。

我们需要确保董事会成员和企业领导者关注网络风险，而不是考虑缩减规模，他们希望我们正在尽一切可能加强保护并降低风险。

⊙ 2.2.2　激发信任

多年来，我们一直在说，安全是每个人的工作。零信任迫使你将这种文化落实到位，让每个人都认识到零信任与他们每个人都息息相关。你如何做到这一点？

这可以归结为行为——文化可以被认为是人们在没有人注意时的行为方式。当我们与人交谈和工作时，我们会尝试了解他们的不良行为，以便我们可以一起解决这些问题。必须让你的社区围绕一个标准信息团结一致，以解决那些给组织带来更多风险的日常破坏性行为。

要突破文化障碍，就要了解你的社区。人们想要安全，但你不能通过灌输恐惧并告诉他们天马上要塌下来，来领导和改变文化。你无法在办公桌后创建网络安全文化，你需要与人们建立联系。你必须培养和激发人与人的信任，才能让零信任取得成功。

⊙ 2.2.3　上下管理

建立零信任文化的另一个关键组成部分是管理组织。领导团队在制定 ZTA 的目标和管理期望时应全面透明和保持诚实。

组织中的每一位高级领导者都可以通过回答同事、上级和直接下属提出的"为什么选择 ZTA？"的问题来建立信誉。通过回答这个问题，你创建了一个信任级别，这是零信任文化的基础。最终，你与每个人的对话将不再基于恐惧，而是基于我们如何共同努力，让每个人都更安全。

⊙ 2.2.4　所有权的哲学

安全性是你构建和实现的每个解决方案的基础。组织结构必须采用零信任所有权哲学和首先考虑安全的习惯。还有一点需要解释：零信任不是一劳永逸的。这就是为什么我们希望组织更多地将零信任视为一种哲学，而不是一种架构。你永远不会结束，你总是要重新评估。你必须进行持续的监测和分析。你必须弄清楚人们在做什么，并不断改进你的流程、策略和原则。

2.3 商业模式的范式转变

在过去几年中，范式发生了重大转变。就像过去 10 年中的其他技术变革一样——云计算改变了我们的经营模式，敏捷改变了我们开发软件的方式，亚马逊改变了我们购物的方式——零信任为我们提供了一种新的范式，帮助我们保护组织、数据和员工的安全。虽然很难确定准确的临界点，但有一件事是肯定的：那些曾经格外引人注目、具有破坏性的泄露，已经越来越常见。近年来，雅虎、埃森哲、HBO、Verizon、优步、Equifax、德勤、美国证券交易委员会、RNC、DNC、OPM、惠普、甲骨文以及针对中小企业（SMB）市场的大量攻击都证明了每个组织——无论是公共机构还是私营机构——都很容易受到影响。范式转变背后的原因很明显，广泛接受的基于支持可信网络的安全方法行不通。这主要是基于企业应对技能短缺、员工负荷增加以及不断增加的云应用程序和移动设备，这些应用程序和移动设备每天都在扩大攻击面。

确保访问关键信息的基本原则没有改变，但是你的信息所处的生态系统已经发生了重大变化。业务和 IT 操作的变化给现代企业带来了不必要的复杂性和风险。然而，对于组织来说，是时候改变他们的安全方法了，否则将面临网络攻击或数据泄露的问题。

我们正试图用旧方法解决新问题。今天，用户几乎可以从任何地方访问敏感网络，互联系统已经改变了我们网络架构的构成。数字化转型计划增加了攻击面，并使员工、客户和合作伙伴与给定组织的交互方式多样化。在 IT 领域的所有这些范式转变中，直到现在，安全性还无法跟上转型的脚步。

我们进入了零信任的时代，这是一个基于任何身份（用户或机器）都不应该天生被信任的思想模型。零信任很快被进步的安全团队所采用，他们明白需要采取不同的方法来确保数据访问的安全。安全访问的原则没有改变，模式的转变在于实现目标的方式。

安全领导者可以与业务决策者讨论使用零信任模型的计划。他们可能会考虑在短时间内避免改变整个网络。毕竟，企业领导人希望确保他们的预算决策将为集团带来价值。一个好的折衷方案可能是在网络的特定部分使用零信任的试点计划。

安全团队可以使用这种方法来跟踪哪些有效，哪些无效，并展示零信任的价值。如果这种做法奏效，高管们可能更愿意在整个系统中推广"零信任"。

你还可以通过使用从业务角度易于理解的基准测试、视觉效果和其他指标来促进这种联系。例如，由于实现了单点登录（SSO）和补充零信任的其他安全控制，你可能会演示由无须频繁重置用户凭据所节省的时间和金钱。

2.4　零信任安全对于混合工作模式至关重要

新冠疫情迫使所有行业从根本上将业务转移到更分布式的网络中，以支持远程工作。因此，每周在办公室工作 5 天的时代已经一去不复返了。随着企业继续接受远程工作，内聚业务功能的新方法也将带来新的威胁。事实上，今天的公司可能比以往任何时候都面临更多的安全风险。由于采用了这些分布式业务模型，员工可以从无数不同的来源和设备访问关键任务 IT 网络、数据、应用程序和其他机密信息。虽然这种灵活性对员工有利，但它也为出现的安全威胁、挑战和攻击创造了新的机会。在新冠疫情期间，随着组织加速从物理领域和传统技术向更加灵活的云技术迁移，便利性、灵活性和成本节约将成为远程工作和分布式工作模式的既定优势，这一点变得越来越明显。

一些用户远程工作，而另一些用户依旧在办公室工作，这种混合工作环境引入了更多的数字攻击面、复杂性和风险，因为边界现在越来越不稳定。这种全球劳动力的转移似乎是一种永久性的变化。盖洛普调查发现，近三分之二的美国远程工作者愿意继续远程工作。高德纳公司（Gartner）报告称，即使在 COVID-19 疫苗上市之后，90%的人力资源负责人仍计划允许远程工作。

因此，零信任策略将成为许多组织的首要考虑事项，因为它有助于确保在混合工作带来的 IT 复杂性中保持安全性。

但这种转变也伴随着一项使命。IT 团队需要做的不仅仅是让任何人在任何地方工作，他们必须确保它的安全。这是一项艰巨的任务。与新冠疫情之前相比，安全威胁的报告增加了 400%，IT 团队必须比以往任何时候都更有准备。毫不奇怪，各种规模的组织都通过转向零信任模型来加强其安全状况。

在办公室环境中确保员工良好的网络安全状态非常容易，因为所有连接的设备都在 IT 部门的监督下，并位于安全的网络当中。然而，使用分布式办公室设置，组织无法控制其员工使用哪些网络和设备来访问公司数据和信息。

如果你的员工在偏远地区工作，你如何与他们建立联系以确保他们是他们所说的那个人？你如何验证他们用于连接到你的系统和数据的设备和应用程序？你如何确保他们连接的网络是安全的？在办公室环境中工作与在咖啡店或火车站使用个人热点或公共 Wi-Fi 工作之间的区别可能是非办公室环境是不法分子试图推翻组织安全措施的突破点。

企业从未像现在这样脆弱。企业应实施零信任战略，以提高其安全性，并更好地保护其数字资产免受新的远程办公世界中出现的威胁和攻击。为了保证成功，他们还必须为员工提供简化的用户体验。

● **零信任是如何阻止入侵者的**。零信任安全本质上是一个持续的验证过程，当设备试图访问或连接到企业网络时。通过这种方法，公司可以更好地防御安全漏洞——包括假冒、密码重用、数据泄露和凭证被盗——的主要原因是授予网络访问权限之前，通过分析各种信息来确认一个人的身份。这可能包括多种策略的组合，例如网络的微隔离、用户身份验证和安全网络验证。

通过实施零信任安全策略，公司可以取消标准密码保护，这是网络钓鱼方法的主要原因之一。同时，它们可以确保更好的用户隐私——让公司及其员工高枕无忧。

- **自动化如何确保成功。** 企业安全通常不是员工最关心的问题。随着员工继续努力适应远程工作的要求，出现疏忽的空间也越来越大。不幸的是，网络安全方面的疏忽可能会给一家公司带来异常高昂的损失，甚至是灾难性的后果。因此，实施这些安全措施的同时，也为员工提供更好的用户体验（并尽量减少对他们工作的干扰）符合组织的最佳利益。为了实现这一点，公司可以通过自动化来实现这些增强的安全措施，而不是单独培训员工如何使用设备或网络进行最佳实践。

通过自动化和强制执行安全措施和协议，公司可以利用深度学习功能和其他新兴技术来帮助检测潜在的挑战，例如设备性能问题、安全漏洞和应用程序崩溃。这使他们能够在影响最终用户之前及早纠正这些问题。通过这种技术可以帮助组织在所有设备上保持操作权，无论员工从哪里登录——确保各方安全。

- **零信任，零例外。** 颠覆带来创新，但远程工作的创新也带来了黑客攻击和其他网络攻击的创新。但是，通过实现零信任安全策略，组织可以确保业务关键信息的私密性和安全。

更重要的是，将这些策略通过自动化的方式执行可以让公司把安全维护的重担留给公司，而不是变成员工的个人责任。这种方法确保员工可以继续专注于他们的工作，并且公司业务可以在有限的干扰下继续平稳安全地运行——无论团队成员从哪个位置连接。

2.5 零信任中的人为因素

安全专家早就知道，要摧毁网络防御系统，只需一个薄弱环节。有时，这归结于匆忙开发的应用程序编程接口（API）中的错误代码，不充分的渗透测试，或隐藏在遗留系统深处的旧的、未修补的、可被利用的代码。但通常情况下，这是因为一个人的行为——一个人点击了网络钓鱼邮件中的恶意软件，这将允许攻击者随意访问工作场所中的网络，或者当员工在家办公室，使用了未妥善保护的 Wi-Fi 路由器。

对恶意行为者和威胁行为者的意识促使大多数组织将网络安全置于更高的优先级，但在许多情况下，人们仍然相信，由于位于防火墙内，发生在防火墙内的数据和活动是安全的。然而，这是错误的，这也导致了零信任模型的诞生，在该模型中，所有活动，包括发生在安全范围内的活动，都必须遵守相同的信任标准，即零信任。

这在网络安全领域是一个可喜的飞跃，有助于摒弃威胁行为者只会直接攻击其目标的观念，而实际上，他们更有可能找到一个薄弱的入口点，然后横向移动到网络中。但零信任协议仍然只是一套规则和程序，它也会成为人类弱点的牺牲品，以错误、无能——最讽刺的是——信任的形式出现，并导致系统再次失败。

安全离不开人为因素。安全优先级、策略和过程由人决定的。他们制定并实施这些措施来保护他们的环境。具有讽刺意味的是，人为因素决定了他们最有价值资产的稳健战略，但也给同一环境带来了风险。购买软件或工具是一个简单的部分，但操作它并以正确的方式使用它是从他们所做的投资中获得价值的最重要步骤。这取决于人为因素。

让我们通过分析安全领导[首席信息官（CIO）]、安全专家、技术工人和员工来更深入地了解人为因素，并确定他们在成功采用 ZTA 中可以发挥的潜在作用。

⊘ 2.5.1 首席信息官角色

零信任代表了一个机会，可以摆脱"部门"的标签，成为首席信息官和向他们报告的安全团队业务转型的推动者。为了实现零信任，首席信息官们应该了解以下几点：

- 零信任定位是一个基本的业务计划，而不是一个安全项目。除了提高安全性和降低风险带来的业务利益外，零信任还为组织可能希望开展的任何分析活动提供了一个基本的构建模块：了解你获得了哪些数据、数据位于何处以及谁出于何种目的可以处理这些数据。

- 在零信任方面与首席信息安全官（CISO）保持一致。CISO 和 CIO 通常有不同的目标和动机，这可能导致冲突和矛盾。零信任可以让 CIO 和 CISO 朝着一个共同的目标努力，并让 CISO 有一个更有说服力的故事与董事会分享。然而，CISO 应该向首席执行官（CEO）报告，而不是向 CIO 报告；无论是想象的还是真实的，CIO 报告线会导致潜在的透明度缺失，这反过来又会增加业务风险。

- 拒绝接受将"不"作为答案。对零信任方法没有合法的商业反对意见。你并不是要开始一项具有潜在风险且成本高昂的推倒重来的工作，你将使用现成的工具和现有的技能。换句话说，随着时间的推移，你将打破安全支出看似无休止的上升螺旋，而是降低成本——但安全性大大提高。

2.5.2　安全专家角色

一个关键的人为因素是安全专家如何帮助组织加速采用 ZTA。安全专家可以通过以下方式扮演倡导者的角色，接受零信任的价值观：

- 鼓励采用零信任心态－充分应对现代动态威胁环境的情况。
- 积极协调系统监控、系统管理和防御运营能力。
- 假设对关键资源的所有请求和所有网络流量都可能是恶意的。
- 假设所有设备和基础设施都可能被破坏。
- 接受对关键资源的所有访问批准都会带来风险，并准备执行快速损失评估、控制和恢复操作。
- 接受零信任的指导原则。
- 利用零信任设计概念。
- 分享最佳实践。

2.5.3　利用零信任架构缩短技能差距

2020 年 7 月，德勤就其组织实施零信任模式的计划对网络研讨会与会者进行了调查。调查发现，四大挑战打乱了许多雇主的努力。最受关注的是缺乏技术工人，占 28.3%。紧随其后的是缺乏所需的预算（28.1%），其次是缺乏起步意识（12.8%），以及无法在市场上对技术或供应商进行选择（12.7%）。

幸运的是，这些挑战不会阻碍团队采用零信任安全模型。他们可以通过分步骤实施来解决上面提到的每一个挑战。

由于技能差距，组织发现自己面临一个问题。一方面，他们意识到他们的网络基础设施存在人为缺陷：信任感。

越来越多的组织意识到信任本质上并不属于网络。他们开始寻求零信任安全模型来消除不必要的信任。

另一方面，组织很难找到能够在 IT 系统中管理信任的人才。他们可能缺乏消除某些信任来源和保留其他信任来源所需的熟练技术。正因为如此，他们可能会觉得零信任模式不适合他们的需求。

幸运的是，这是有解决方法的。组织不必依赖内部专业知识来实施零信任。他们可以转而选择依靠人工智能和机器学习来确保客户安全的供应商解决方案。在托管安全服务提供商的帮助下，组织可以利用外部专家的专业知识来塑造其系统管理信任的方式。

当然，组织需要能够找到可定制并满足其安全需求的零信任解决方案。他们还需要确保他们有足够的安全预算来购买并实施这个工具。这些建议大部分都可以归结为向潜在供应商询问有关他们的解决方案详细细节，尤其是有关类型的问题。

目前，缺乏技术人才的企业需要意识到，技能缺口并没有困住他们。现在是时候让他们开始探索供应商的解决方案，以帮助他们实现零信任。

⊙ 2.5.4　员工角色

对于真正从远程工作的零信任模式中受益的组织来说，同样的思想必须深入他们员工的内心。无论他们是出于工作还是个人原因访问互联网，用户都需要采用零信任的方法。这不仅仅是安全意识培训或强大的密码策略。在家办公的用户应该不断地质疑网上的每一次互动，包括带有链接的电子邮件和短信，以及与发件人性格不符的通信内容，即使它们似乎来自官方来源。网络钓鱼和其他攻击在很大程度上依赖于人们的自满，因此零信任需要将时刻警惕变成一种习惯。

无论员工在哪里工作，这些习惯和整体心态对于在组织中成功应用零信任方法实现安全至关重要。拥有正确的技术是一个关键的推动因素，但如果你要完全保护你的业务，则需要正确的治理策略和员工参与。

2.6 本章小结

- 更高层次的客户（和最终用户）期望促使企业采用数字化体验。安全和隐私正在经历类似的演变，这就是零信任安全理念、平台和服务可以影响你的业务服务交付的地方，并改变你的设计品牌、客户体验，推动变化的速度、业务的便捷性，甚至影响品牌声誉。

- 在你的组织中创造一种"零信任"的文化是至关重要的。我们需要让所有人都参与进来——商业领袖及风险管理、IT、人力资源、财务各个职能部门的人。

- 过去几年发生了重大的范式转变。新冠疫情迫使所有行业从根本上将业务转移到更加分散的网络中，以支持远程工作。因此，每周在办公室工作 5 天的时代已经一去不复返了。因此，零信任策略将成为许多组织的首要考虑事项，因为它的有助于在混合工作带来的 IT 复杂性中保持安全性。

- 没有人为因素就没有安全。安全优先级、策略和过程由人员决定。他们制定并实施这些措施来保护他们的环境。通过分析安全领导（CIO）、安全专家、技术工人和员工，确定他们在成功采用 ZTA 中可以发挥的潜在作用。

第二部分

零信任之旅的现状和最佳实践

零信任既是一种业务推动因素,也是一种安全范例。零信任可实现业务敏捷性——如果没有零信任,安全的云端消费只是一场白日梦。

——Zscaler 转型战略总监 Brett James

第 3 章

零信任成熟度和实施评估

3.1 需要零信任成熟度模型

实现零信任需要时间和精力；这是一场马拉松，不是短跑。你不可能一夜之间就达到"成熟"阶段。对于许多组织和网络，可以利用和集成现有的基础设施来纳入零信任概念，但是通常需要增加额外的功能和技术来获得零信任环境的全部优势，才能过渡到成熟的零信任体系结构（ZTA）。

从安全成熟度的角度来看，需要做的基本事情之一是了解你所处的阶段以及你想要达到的位置。

一个组织需要了解它目前的阶段，并为它的 ZTA 之旅计划下一步的旅程。一下子过渡到成熟的 ZTA 也是不必要的，也不推荐。组织必须逐步将零信任功能作为战略计划的一部分，这可以在每个步骤中相应地降低风险。

随着时间的推移零信任实施逐渐成熟，增强的可见性和自动化响应使防御者能够跟上威胁的步伐。零信任工作应规划为一个不断发展的路线图，从初始准备到基础阶段、中级阶段和成熟阶段，网络安全保护、响应和运营会随着时间的推移而改进。

不同的组织需求、现有技术实现情况和所处安全阶段会影响零信任安全模型的规划。

3.2 我们建立零信任成熟度模型的独特方法

基于我们在帮助客户保护其组织安全方面的经验，以及与澳大利亚迪肯大学的合作伙伴关系，我们开发了以下成熟度模型，以帮助你评估你的零信任准备情况，并制订计划，以进入零信任旅程的下一个阶段。

我们从多个来源获得灵感来开发这个成熟度模型。其中一些来源是微软的 ZT 成熟度模型，Netskope 的零信任数据保护模型，Forrester 的 ZTX 成熟度模型，以及国家标准与技术研究所的 800-207 零信任架构，这仅仅是其中的几个例子。

表 3-1 提供了各种级别的零信任模型及其定义特征。

在第一阶段，你可能想要利用你现有的基础。在你达到了基本水平之后，你想进入中级水平。

在中级阶段，你可能会开始考虑微隔离等问题。不是让用户访问整个系统，而是让用户只访问你希望他们访问的系统上的应用程序或功能，具体到数据，具体到应用程序，甚至可能是容器。所以，隔离（细分）是一个很好的开始，这可能要求你更具体地定义它，因为目前，它可能没有像你希望的那样被广泛部署。

表 3-1 零信任模型的定义和特征

级别	定义和特征
基础： 级别 1	零信任之旅的开始阶段，大多数组织都将处于这个阶段。在这个级别上，实现了基本的集成功能。 这里的策略是从小处着手，专注于战略上的胜利。 显著特点： ● 本地身份管理 ● 基本身份保护和有限多因素身份验证（MFA） ● 没有设备信息和可见性 ● 没有实时威胁更新和分析 ● 无数据分类 ● 扁平化网络基础设施 ● 这些资源主要是本地资源，仅使用基本的云功能

级别	定义和特征
中级： 级别 2	在高级级别，这些功能被进一步集成和细化。这一级别的战略通过更强大的身份管理、数据安全性以及先进的威胁检测和响应能力来推进零信任之旅。 显著特点是： ● 使用移动设备管理（MDM），加入域的设备可见性 ● 实时威胁更新 ● 使用本地安全信息和事件管理（SIEM） ● 使用 MFA 对关键应用程序进行身份保护 ● 会话启动级别的固定策略授权 ● 数据访问治理基于外围访问，而不是基于数据敏感性 ● 本地应用程序通过 VPN 或物理网络设备访问
成熟： 级别 3	在这个成熟的水平上，组织已经通过强大的分析和编排部署了高级保护和控制。 　该级别的战略在高级威胁情报、威胁搜索、安全运营中心（SOC）的高级自动化以及最终用户的无缝访问中，完成和扩展零信任原则。 显著特点是： ● 首席信息安全官和首席信息官专注于整合独立产品和供应商，以实现每个零信任组件 ● 围绕限制影响半径的数据和应用程序的细粒度微边界控制展开工作 ● 实现所有身份的 MFA，并使用权限身份管理和访问管理解决方案来管理带有权限的用户 ● 所有数据都根据敏感性或关键性进行分类，数据所有权定义明确 ● 威胁情报被用于强制重新授权，例如时间和位置 ● 用户到内部应用程序的流量被加密 ● 所有的工作负载都使用应用程序标识进行分配 ● 在所有端点实施数据丢失防御策略 ● SIEM 和 SOC 流程已经明确定义，并利用云能力和高级分析功能，如用户行为实体分析（UBEA）

　　多因素身份验证在这个阶段也能派上用场除非用户自动使用双因素身份验证登录，例如，使用更强的身份验证机制，提高你对该身份的级别保证（或信心），否则他们无法访问资产。

　　最后，在成熟的级别，你可能希望开始利用诸如威胁情报、安全自动化和编排之类的手段。因此，通过这种方式，而不是简单地依赖内部信息、用户和资产；你现在正在弥合这种差距，并结合威胁情报等外部信息来决定某人是否能够获得某些东西。如果情况合适，他们可以这样做，但如果不合适，你可以利用自动化和编排来强迫他们重新登录以阻止他们访问，或者强迫他们在访问特定的系统之前使用双因素机制。如果发生了什么事情，你将自动启动流程以对该操作进行更深入的了解。

虽然在整个数字资产中集成零信任安全模型是最有效的，但大多数组织需要采取分阶段的方法，根据其零信任成熟度、可用资源和优先级针对特定领域进行更改。仔细考虑每一项投资并使其与当前的业务需求相一致是至关重要的。

你的旅程的第一步并不一定是一个重大的提升或转向基于云的安全工具。许多组织将从利用混合基础设施中显著受益，它可以帮助你使用现有的投资，更快地实现零信任计划的价值。

幸运的是，向前迈出的每一步都将在降低风险及在恢复对整个数字资产的信任方面发挥重要作用。

⊚ 3.2.1　零信任网络安全成熟度评估工具包

零信任网络安全成熟度（ZTCM）评估工具包是一个全面的工作表，用于评估公司的零信任网络安全成熟度级别。它包括前面描述的 3 个主要元素——自我评估问卷、自我评估分数以及可视化结果。调查问卷包括 9 个主要领域的 51 个问题，具体如下：

- **身份**：无论是人员、服务还是物联网（IoT）设备，身份定义了零信任控制平面。当身份尝试访问资源时，我们需要基于所有可用数据点（包括用户身份、位置、设备健康状况、服务或工作负载、数据分类和异常）通过强制身份验证来验证该身份。

- **端点和设备**：一旦某个身份被授予对资源的访问权限，数据就可以流向各种不同的设备——从物联网设备到智能手机，从你自己的设备到合作伙伴管理的设备，以及从本地工作负载到云托管服务器的工作负载。这种多样性创造了一个巨大的攻击面，要求我们监控和强制保证设备健康及满足合规性以实现安全访问。

- **应用程序和工作负载**：应用程序、工作负载和应用程序编程接口（application programming interface，API）提供使用数据的接口。它们可能是之前遗留的本地部署，用于提升并转移到云端工作负载，或者是现代的软件即服务应用程序。基于实时分析的门禁访问，监控异常行为，控制用户操作，应该使用控制和技术来发现影子信息技术（shadow IT），确保适当的应用内部权限，并验证安全配置选项。

● **数据**：最终，安全团队专注于保护数据。在可能的情况下，即使数据离开了组织控制的设备、应用程序、基础设施和网络，这些数据也应该保持安全。应该对数据进行分类、标记和加密，根据这些属性限制访问。

● **基础设施**：无论是本地服务器、基于云的虚拟机（vm）、容器还是微服务，基础设施都是关键的威胁向量。评估版本、配置和即时访问，以加强防御；使用遥测技术检测攻击和异常；自动阻止和标记危险行为，并采取保护措施。

● **网络**：所有数据最终都将通过网络基础设施进行访问。网络控件可以提供关键的"管道内"控制，以增强可见性，并帮助防止攻击者在网络中横向移动。网络应该被分割（包括更深层次的网络内微隔离），并且应该采用实时威胁保护、端到端加密、进行监控和分析。

● **可见性和分析**：分析使你能够检测到威胁敏感数据的流动、完整性和容器的穿孔、泄漏和压力点。最重要的是，分析使你能够对此采取行动——将观察转化为行动，例如防止入侵。

● **自动化和编排**：安全自动化和编排对于简化警报调查和补救至关重要。对常见事件的响应，例如拒绝访问受感染的设备、请求额外验证等，应该实现自动化，以缩短响应时间并降低暴露风险。事件响应团队应该具有人工智能驱动的警报管理功能和自动修复功能，以提供精简的端到端威胁解决方案（如图 3-1）。

● **安全策略引擎**：安全策略引擎用于在关键检查点做出访问决策，例如对网络、应用程序和数据的访问。大多数组织依赖于分布在其环境中的多个策略引擎（例如，应用程序、网络、基础设施）。无论位置如何，策略引擎都应该使用所有可能的信号源（包括身份、应用程序、设备、风险分析、威胁情报等），根据实时风险分析做出自适应访问决策。

从概念上讲，Netskope 以图 3-2 所示的图表形式描述了风险环境。

我们将在下一章详细讨论作为策略引擎的 Azure Active Directory 条件访问，该章将重点关注作为关键控制平面的身份。

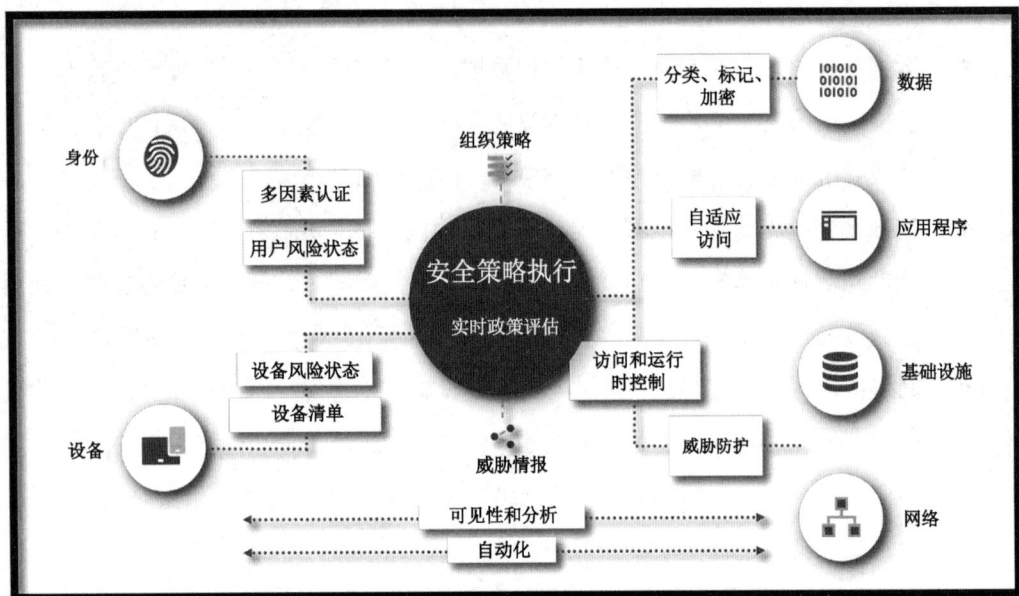

图 3-1 零信任的要素和原则

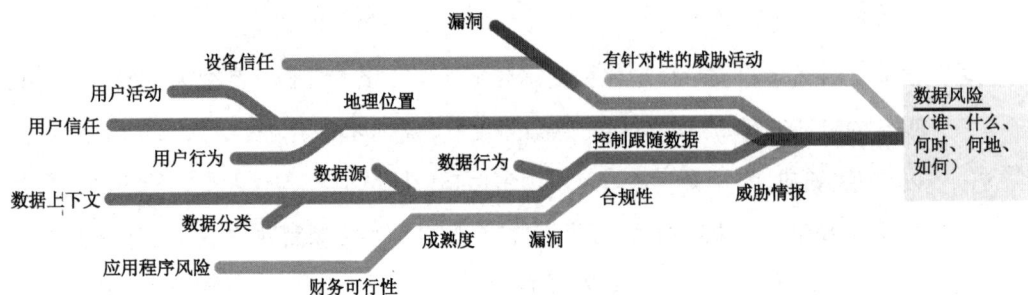

图 3-2 Netskope 风险背景（2020 年）

⊗ 3.2.2 如何使用零信任网络安全成熟度评估工具？

1．在每个问题旁边的指定单元格中输入你的答案。每个问题需要用李克特量表（Likert scale）上 1 到 5 之间的任意数字回答（1 =完全不同意，2 =有点不同意，3 =保持中立，4 =有点同意，5 =完全同意）。

2．回答完问题后，系统会自动生成每个领域的可视化图表。

3．在"Report"标签上获得你的总体分数和评估报告。

4．要下载此工具，请访问以下链接：https://github.com/akudrati/ZTBook（如图 3-3 和 3-4）。

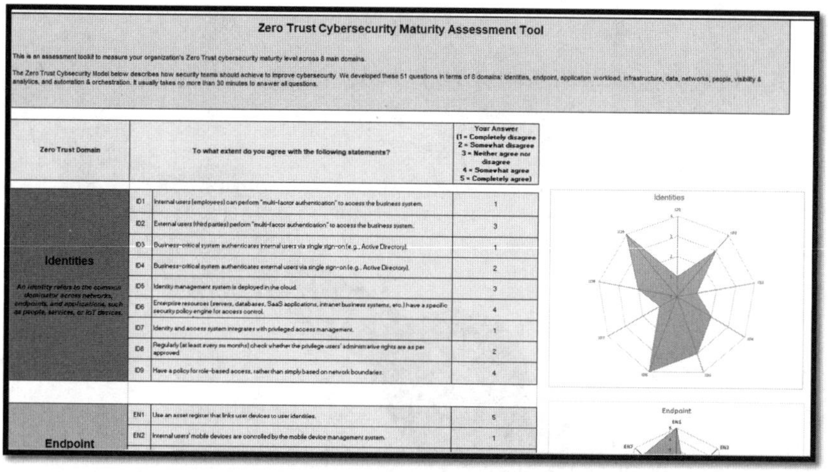

图 3-3　零信任网络安全成熟度评估工具的问卷页面

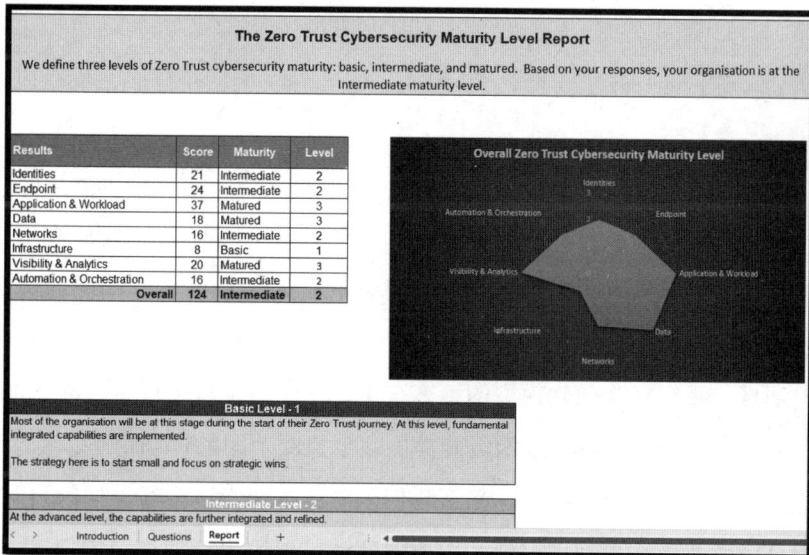

图 3-4　零信任网络安全成熟度评估工具的报告页面

3.3 微软的三阶段成熟度模型

微软的三阶段成熟度模型将组织分为 3 个层次：传统、高级和最佳（如图 3-5 所示）。

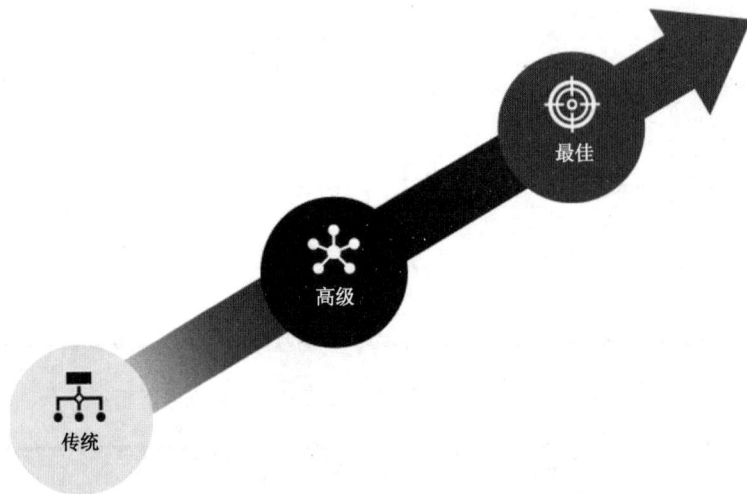

图 3-5 微软的零信任成熟度模型阶段

让我们根据微软的 6 个零信任元素（如表 3-2 所示）来探索成熟度模型的每个阶段。

关于微软成熟度模型的详细白皮书可以进一步在 https://aka.ms/zerotrust 上找到。

为了更好地了解你的组织的控制差距，你还必须查看 Microsoft 的成熟度评估工具，此在线评估工具可在 https://aka.ms/zerotrust 找到（如图 3-6 所示）。

我们的观点：我们喜欢微软模型的地方在于，这个模型易于理解，易于遵循，补充评估功能有助于参考 Microsoft 技术，并提供逐个控制差距的详细信息。

如果你使用了大量的微软技术，那么我们强烈建议你尝试在线评估门户网站，以确定你的组织目前的差距，并利用可用的零信任评估模板作为微软合规管理器中的数据保护基线模板的一部分，详见 3.3.1 节。

表 3-2　成熟度模型与微软零信任六要素的比较

零信任要素	传统阶段 如果大多数组织还没有开始他们的零信任之旅，那么他们今天通常会处于这个阶段	高级阶段 在这个阶段，组织已经开始了他们的零信任之旅，并在几个关键领域取得了进展	最佳阶段 处于优化阶段的组织在安全性方面已经有了很大的改进
身份	● 正在使用内部部署的身份验证程序 ● 云和本地应用程序之间没有使用单点登录（SSO） ● 对身份风险的可见性非常有限	● 云身份与本地系统联合 ● 通过条件访问策略来控制访问，并提供补救措施 ● 分析提高可见性	● 启用无密码身份验证 ● 实时分析用户、设备、位置和行为以确定风险并提供持续保护
设备	● 设备加入域并使用组策略对象或配置管理器等解决方案进行管理 ● 设备需要在网络上才能访问数据	● 设备已向云身份提供商注册 ● 仅授予云管理和兼容设备的访问权限 ● 为自带设备（BYOD）和公司设备强制执行数据丢失防护策略	● 端点威胁检测用于监控设备风险 ● 针对公司设备和 BYOD 的设备风险进行访问控制
应用程序	● 本地应用程序通过物理网络或 VPN 访问 ● 用户可以访问一些重要的云应用程序	● 本地应用程序面向互联网，而云应用程序配置了 SSO ● 云影信息技术（cloud shadow information technology）风险评估，关键应用程序被监控和控制	● 所有应用程序都可以使用最小权限访问并进行持续验证 ● 动态控制适用于所有具有会话中监控和响应的应用程序
基础设施	● 跨环境手动管理权限 ● 运行工作负载的虚拟机（VM）和服务器的配置管理	● 监控工作负载并在出现异常行为时发出警报 ● 每个工作负载都分配了应用程序标识 ● 人员获取资源使用及时获取方式	● 未授权的部署被阻止，并触发警报 ● 所有工作负载都可以使用精细的可见性和访问控制 ● 用户和资源访问针对每个工作负载进行隔离
网络	● 网络安全边界少，网络扁平化且开放 ● 使用最简单的威胁保护和静态流量过滤 ● 内部流量不加密	● 有许多带有一些微隔离的 ingress 和 egresse 的云微边界 ● 云原生过滤和保护用于已知威胁 ● 用户到应用程序的内部流量已加密	● 有完全分布式的 ingress 和 egresse 的云微边界和更细致的微隔离 ● 使用基于机器学习（ML）的威胁保护和基于上下文信号的过滤 ● 所有流量均已加密

续表

零信任要素	传统阶段 如果大多数组织还没有开始他们的零信任之旅，那么他们今天通常会处于这个阶段	高级阶段 在这个阶段，组织已经开始了他们的零信任之旅，并在几个关键领域取得了进展	最佳阶段 处于优化阶段的组织在安全性方面已经有了很大的改进
数据	● 访问受边界而不是受数据敏感性控制 ● 手动应用敏感度标签，数据分类不一致	● 通过正则表达式或关键字方式对数据进行分类和标记 ● 访问决策通过加密进行管理	● 通过智能机器学习模型增强了分类功能 ● 访问决策由云安全策略引擎管理 ● DLP 策略通过加密和跟踪来实现安全共享

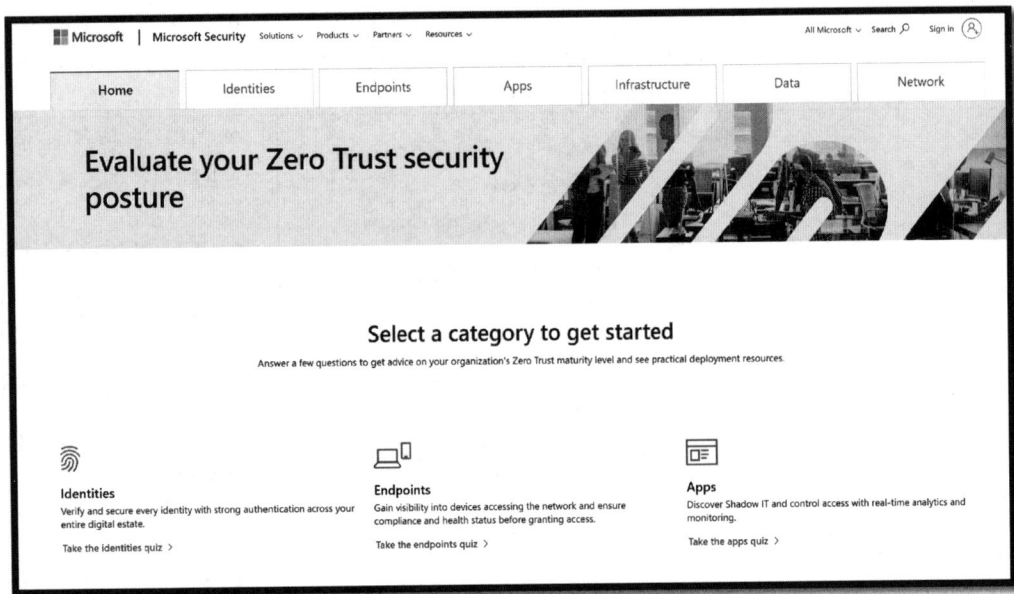

图 3-6　Microsoft ZT 安全的状态评估在线门户

使用微软合规管理器进行零信任评估

谁不喜欢自动化呢？这是微软升级后的最新功能。现在你可以使用 Microsoft Compliance Manager 来评估零信任成熟度，并创建用于持续进度监视的仪表板。

3.3.1.1　什么是合规管理器？

Microsoft Compliance Manager 合规管理器是 Microsoft 365 compliance center 中的一项功能，可帮助你更轻松地进行组织的合规性管理。Compliance Manager 可以此过程中提供帮助，从盘点数据保护风险到实施管理控制的复杂性，使设备保持最新的合规性和并对合规性版本进行认证，此外，Compliance Manager 还可以向审计人员发送报告。

要访问 Compliance Manager，请访问 https://compliance.microsoft.com。

3.3.1.2　数据保护基线模板的零信任集成

零信任是一种主动的、集成的安全方法，可以跨数字资产的所有层，依赖情报、高级检测和对威胁的实时响应，明确且持续地验证每一次交易；主张最小的权限。Compliance Manager 的数据保护基线模板面向所有用户，现在集成了 57 个新控件和 36 个零信任新操作，与以下控件族保持一致：

- 零信任应用。
- 零信任 App 开发指导。
- 零信任端点。
- 零信任数据。
- 零信任身份。
- 零信任基础设施。
- 零信任网络。
- 零信任可见性、自动化和编排。

新的和更新的数据保护基线模板现在包括零信任控制族。这些控制族映射到现有的和额外的改进措施，使评估、监控和改进对我们的零信任原则和建议的遵守变得容易。这些改进措施包括将现有的数据保护措施和建议扩展到的零信任环境，以及实施更强大的访问控制和数据保护机制，以确保数据的安全性和完整性。

管理员可以使用数据保护基线来实现操作，通过利用新添加的零信任控制族中的改进操作，使他们能够遵循零信任策略，这些控制族映射到应用程序、数据、端点、身份、基础设施和网络的零信任区域。

按照以下步骤来审查和评估你的组织。

1．访问 https://compliance.microsoft.com。

2．选择评估模板。

3．选择数据保护基线模板。

4．创建一个新的评估，如图 3-7 所示。

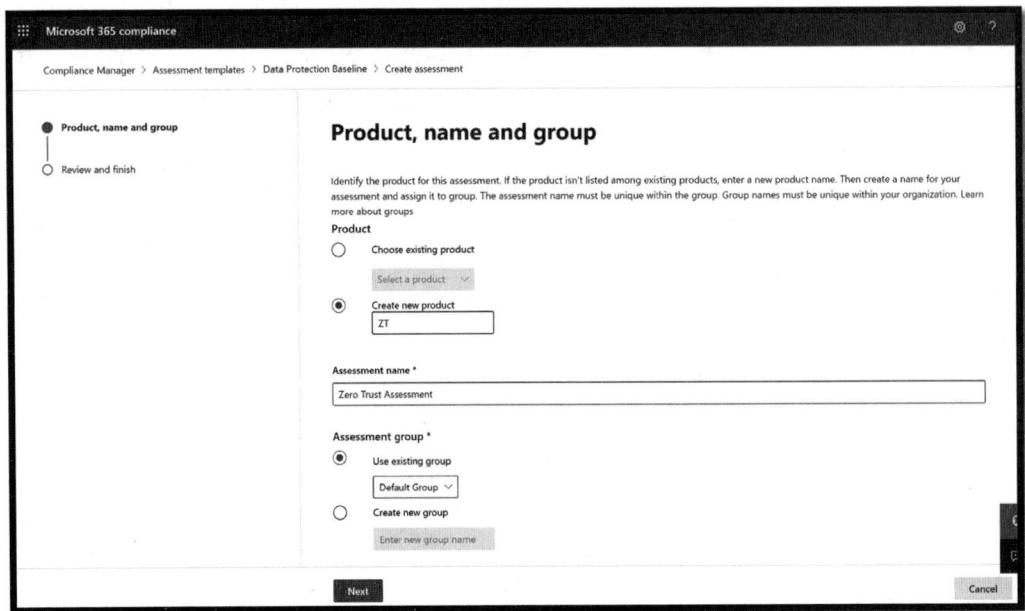

图 3-7　Microsoft 365 Compliance Manager 评估模板创建

在创建评估之后，选择新创建的模板，并使用零信任域过滤控件，如图 3-8 所示。

继续根据所需的域添加你的实现细节，你将在主仪表板上看到基于控件实现状态的分数。

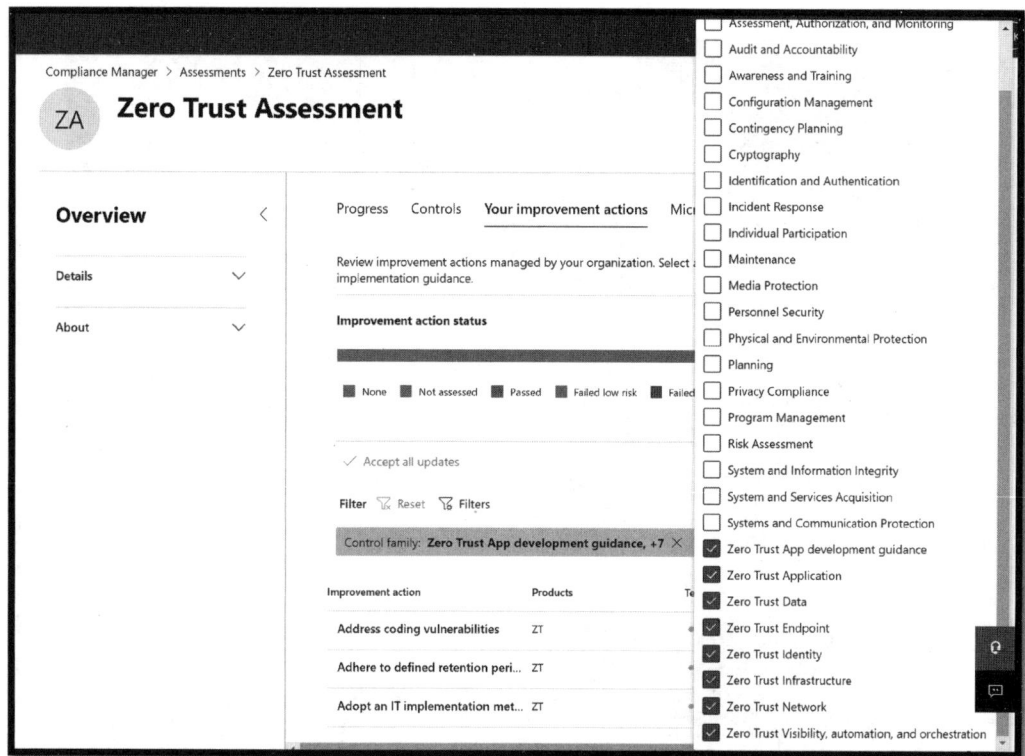

图 3-8　Microsoft 365 Compliance Manager 零信任评估创建

3.4　CISA 的零信任成熟度模型

网络安全与基础设施安全局（CISA）的零信任成熟度模型是各机构向 ZTA 过渡时可参考的众多路线图之一。

成熟度模型的目标是协助机构制订他们的零信任策略和实施计划，并提出各种 CISA 服务，可以支持跨机构的零信任解决方案。

成熟度模型包括 5 个支柱和 3 个交叉功能，它基于零信任的基础。成熟度模型为各机构提供了每个支柱中传统的、高级的、最优的零信任架构的具体示例（如图 3-9 所示）。

	身份	设备	网络/环境	应用程序工作负载	数据
传统	• 密码或多因素身份验证（MFA）。 • 有限的风险评估	• 合规可见性有限 • 简单盘点	• 较大的宏观隔离 • 最少的内部或外部流量加密	• 基于本地授权的访问 • 与工作流的最小集成 • 一些云端可访问性	• 没有很好的库存管理 • 静态控制 • 未加密
	可见性和分析　自动化和编排　治理				
高级	• MFA • 与云和本地系统的一些身份联合	• 采用合规性 • 数据访问取决于首次访问时的设备状态	• 由ingress/egress微边界定义 • 基本分析	• 基于集中认证的访问 • 与应用程序工作流的基本集成	• 最小权限控制 • 存储在云端或远程环境中的数据在静态时被加密
	可见性和分析　自动化和编排　治理				
最佳	• 持续验证 • 实时机器学习分析	• 持续的设备安全监控和验证 • 数据访问依赖于实时风险分析	• 完全分布的ingress/egress微边界 • 基于机器学习的威胁防护 • 所有流量都是加密的	• 连续授权访问 • 与应用程序工作流程的强大集成	• 动态支持 • 所有数据都被加密
	可见性和分析　自动化和编排　治理				

图 3-9　CISA 零信任成熟度模型

信息来源：www.cisa.gov/publication/zero-trust-maturity-model

　　有关 CISA 方法的详细说明，请访问 www.cisa.gov/publication/zero-trust-maturity-model。

　　我们的观点：这是另一种简单易懂的方法；但是，它不是很全面，它涵盖了与 ZT 的 5 个关键领域相关的细节。

3.5 Forrester 的 ZTX 安全成熟度模型

要实现安全的零信任扩展（ZTX）生态系统，必须首先评估安全成熟度。

Forrester 的报告《评估你的 ZTX 安全成熟度》将帮助评估你的运营如何与 ZTX 生态系统的 6 项关键能力相抗衡，包括数据、网络、人员、工作负载、设备、分析和自动化。

CISO 和安全领导者应该优先盘点他们的 ZTX 生态系统，以实施有效和有凝聚力的战略。

由于版权问题，我们无法分享 Forrester 的 ZTX 安全成熟度模型的细节，详细的使用方法可在 www.forrester.com/report/gauge-your-ztx-security-maturity/RES136187 上购买。

我们的观点：这与我们的方法非常相似。要使用此工具，你要么需要参加 Forrester ZTX 培训，要么使用前面提到链接购买该工具。我们喜欢这个工具的原因是它提供了一个基于评分的报告，这个就像我们的工具一样。

3.6 Palo Alto 零信任成熟度评估模型

与任何战略计划一样，重要的是在你开始零信任之旅时衡量你所处的位置，并随着时间的推移和零信任环境的改进衡量组织的成熟度。

零信任成熟度模型使用能力成熟度模型进行设计，反映了实施零信任的五步方法，可以用于衡量单一保护表面的成熟度（如图 3-10）。

Palo Alto Networks Zero Trust Maturity Model

Name of Protect Surface _____

DAAS Element Protected _____

Circle the number that aligns to the appropriate maturity stage for each of the 5-steps.

STEP	INITIAL (1 pt.)	REPEATABLE (2 pts.)	DEFINED (3 pts.)	MANAGED (4 pts.)	OPTIMIZED (5 pts.)
1. Define Your Protect Surface Determine which single DAAS element will be placed inside of your protect surface.	1	2	3	4	5
2. Map the Transaction Flows Map transaction flows based on how the DAAS element identified in Step 1 interact to understand the interdependencies between the sensitive data, application infrastructure (i.e. web, application, and database servers), network services, and users.	1	2	3	4	5
3. Architect a Zero Trust Environment Build a Zero Trust architecture to leverage network segmentation, enable granular access to sensitive data, and provide robust Layer 7 policy enforcement for threat prevention.	1	2	3	4	5
4. Create Zero Trust Policy Create Zero Trust policy following the Kipling Method: Who, What, When, Where, Why, and How.	1	2	3	4	5
5. Monitor and Maintain Analyze telemetry from the network, endpoint, and cloud while leveraging machine learning and behavioral analytics to provide greater insight into your Zero Trust environment and allow you to quickly adapt and respond.	1	2	3	4	5
TOTAL SCORE: _____ / 25 PTS.					

Palo Alto Networks | Zero Trust Maturity Model | Workbook   2

图 3-10   用于零信任成熟度评估的 Palo Alto 评分方法

有关 Palo Alto 方法的详细介绍可从 www.paloaltonetworks.com/resources/guides/zero-trust-maturity-model 下载。

我们的观点：如果你想从网络的角度评估你的组织，那么 Palo Alto 评分方法可以为你提供一个简单且可量化的零信任网络域的评分。可以将此方法与任何评估方法结合使用。

• 3.7 本章小结 •

- 组织必须在整个数字资产中集成零信任以获得零信任安全模型，从而获得最大优势。你应该采用一种分阶段的方法，并以零信任、可用资源和优先级为目标。

- 必须仔细考虑每项投资并使它们与当前的业务需求保持一致。你旅程的第一步不一定是重大提升和转向基于云的安全工具。

- 许多组织将从利用混合基础架构中获益匪浅，该基础架构可帮助你使用现有投资并开始更快地实现零信任计划的价值。

- 幸运的是，向前迈出的每一步都将在降低风险和恢复对整个数字资产的信任方面发挥重要作用。

- 我们提供了一些先进的 ZTA 成熟度模型，包括我们与澳大利亚迪肯大学合作开发的模型。这有助于组织和安全领导层考虑采用正确的模型或使用适合你特定需求的相关组件定制新的成熟度模型。

零信任应该是所有公司的关键安全策略，实施它需要对所有用户、设备、资源和环境进行统一分析和实施，以消除孤岛和盲点，并准确评估每次身份验证的上下文并在所有地方实施自适应访问策略。

——Silverfort 首席执行官兼联合创始人，Hed Kovez

第4章

身份是新的安全控制平面

4.1 为什么现在使用身份？

在今天的环境中，在线身份对我们来说非常重要，无论是登录我们最喜欢的社交网络，与世界各地的其他人联系，或是在家里的设备上访问应用程序来工作，在线身份越来越多地用于基本的政府服务。在构建和确认这些身份时，我们依赖于可信赖的机构——政府、银行和主要技术公司等。他们是我们数字身份的守护者，确认我们就是我们所说的那个人。当我们建立一个账户时，我们必须相信他们会保护我们的数据，但每次安全漏洞发生时，都会破坏这种信任。在现代数字世界中，数字识别能保证个人和组织获得服务和参与现代经济，是必要条件。

当今世界上有近 10 亿人缺乏法律认可的身份证明，数字身份的重要性令人担忧。在拥有某种身份证明的超过 65 亿人中，至少有一半人无法在当今的数字生态系统中有效地使用这种身份证明。这对拥有恒定数字身份的个人来说具有巨大的优势，对寻求进行在线服务的企业、政府和其他组织来说是一个重大障碍。良好的数字身份或可以使个人获得重要的数字服务——教育、银行、政府福利等。数字身份对于组织的安全和用户基本信息也至关重要。经过验证后，数字身份将为用户的创新服务提供支持和机会。你需要问自己：

● 我的机构是否成功地建立了对数字化转型的信任？

● 我们准备好迎接数字化转型带来的新安全挑战了吗？

● 我们如何在数字化转型中保护和使用身份？

零信任安全框架讨论的是能够在每个请求的基础上动态地为所有实体验证建立信任的条件，并且（理想情况下）在整个会话中持续地建立信任。随着世界上越来越多的应用程序开始运行在开放的互联网上，"连接"设备嵌入到我们的日常生活中，需要验证以建立信任基础的实体类型变得多样化，且通过分布式实现。然而，连接所有这些实体的一个共同点是身份。

这就是为什么将身份保持在交易中心的重要原因。在为确定 2021 年顶级安全和风险管理趋势而进行的研究中，Gartner 发现许多安全领导者采用身份优先的安全策略（如图 4-1 所示）。

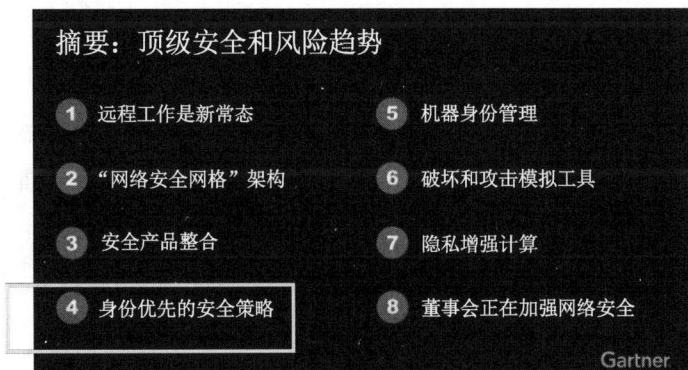

摘要：顶级安全和风险趋势

1 远程工作是新常态　　　5 机器身份管理

2 "网络安全网格"架构　　6 破坏和攻击模拟工具

3 安全产品整合　　　　　7 隐私增强计算

4 身份优先的安全策略　　8 董事会正在加强网络安全

Gartner

图 4-1　Gartner 的顶级安全和风险趋势摘要

随着工作模式（向远程工作）的转变（大多数雇主的第一要务），身份优先变得非常引人注目，它是利用云计算基础设施和服务调动劳动力以及在全球范围内采用"随处工作"模式来实现的。

数字化转型迫使人们重新审视传统的安全模型，因为旧的安全方式无法提供快速发展的数字资产所需的业务敏捷性、用户体验和保护。许多组织正在实施零信任以缓解这些挑战，并实现随时随地与任何人合作的新常态。

4.2 身份——在数字世界中建立信任

随着世界各地的工业开始数字化，从自动化制造到移动银行平台，支持这些功能的身份平台面临着越来越多的挑战，验证你说你是谁，以及你被授权的访问级别。由于这种压力，攻击者越来越多地瞄准这个潜在的漏洞。因此，所有数字身份平台都必须是安全、可用和可信的。这适用于一切，从将区块链用于社会保障目的到长期运营的金融机构。

随着我们扩大数字生态系统，我们将使用越来越多的数据，这也意味着我们面临着新的信任问题。随着我们增加更多的数据收集和交换的接触点，这也意味着我们面临更多的潜在入口点和不断增加的攻击者的攻击面。你的整个业务依赖于用户以安全可靠的方式访问所需服务的能力。如果你失去了客户的信任，或者当客户需要这些服务时却无法提供，后果将非常严重。正因为如此，验证变得至关重要——所有的数据和签名都需要以怀疑的态度对待。信任必须建立在核实的基础之上。

只有当所有相关要素都能信任数据和通信的安全性以及对其知识产权进行保护时，数字企业才能正常运作。开发这种可信关系将使不同的元素能够通过安全的身份进行交互。正是通过这一点，信任和身份构成了成功数字化转型的基石。如果没有身份现代化和验证，几乎不可能建立数字企业的不同方面共同正常运作所必需的信任。没有可信和安全的身份，远程、授权和高效率员工的愿景将无法实现。

让我们从理解现代企业混合企业中的初始身份体系结构开始（如图4-2）。

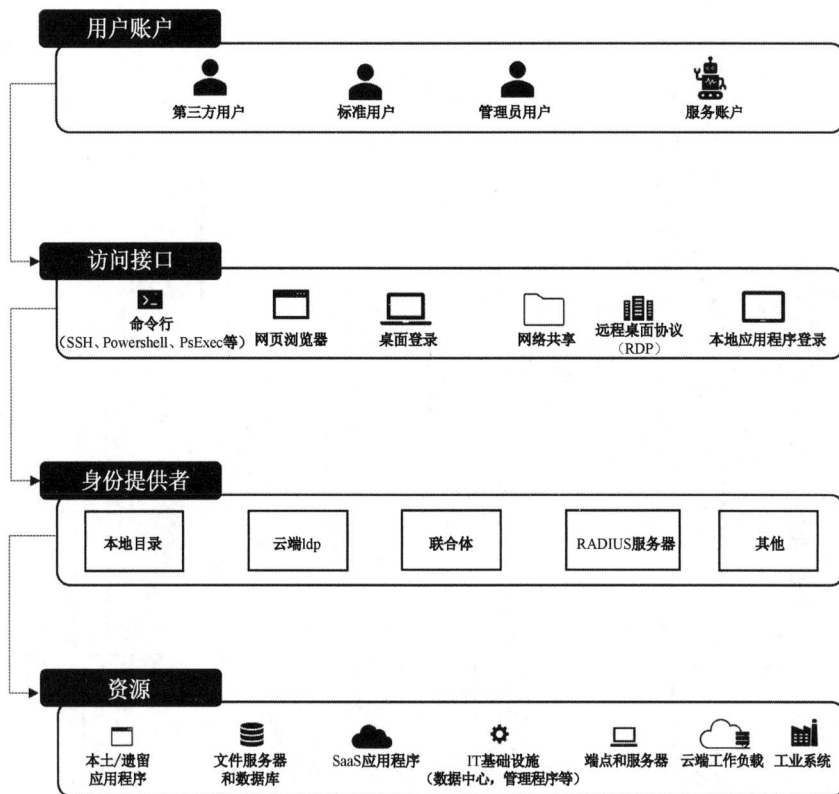

图 4-2　混合企业中的身份架构

图 4-2 显示了混合企业的身份体系结构的标准化视图。在上面，有内部用户、外部用户、普通用户、特权用户和机器用户。这些用户通过各种访问接口与企业资源交互，主要的访问接口列在图的第二层。图中的第三层显示了实际身份验证的各种身份验证程序。在提供正确的凭据后，每种类型的目录都允许用户访问他们的目标资源，这些资源显示在最后一层中。

身份零信任架构试图在身份验证和访问尝试领域实现这些支柱功能。这是通过将一个额外的流程——零信任流程——集成到我们之前展示的身份架构的第三层，即身份提供者层来完成的。

如你所见，图 4-3 显示了发生在目录收到访问请求和授予或阻止请求用户访问之间的整个过程。

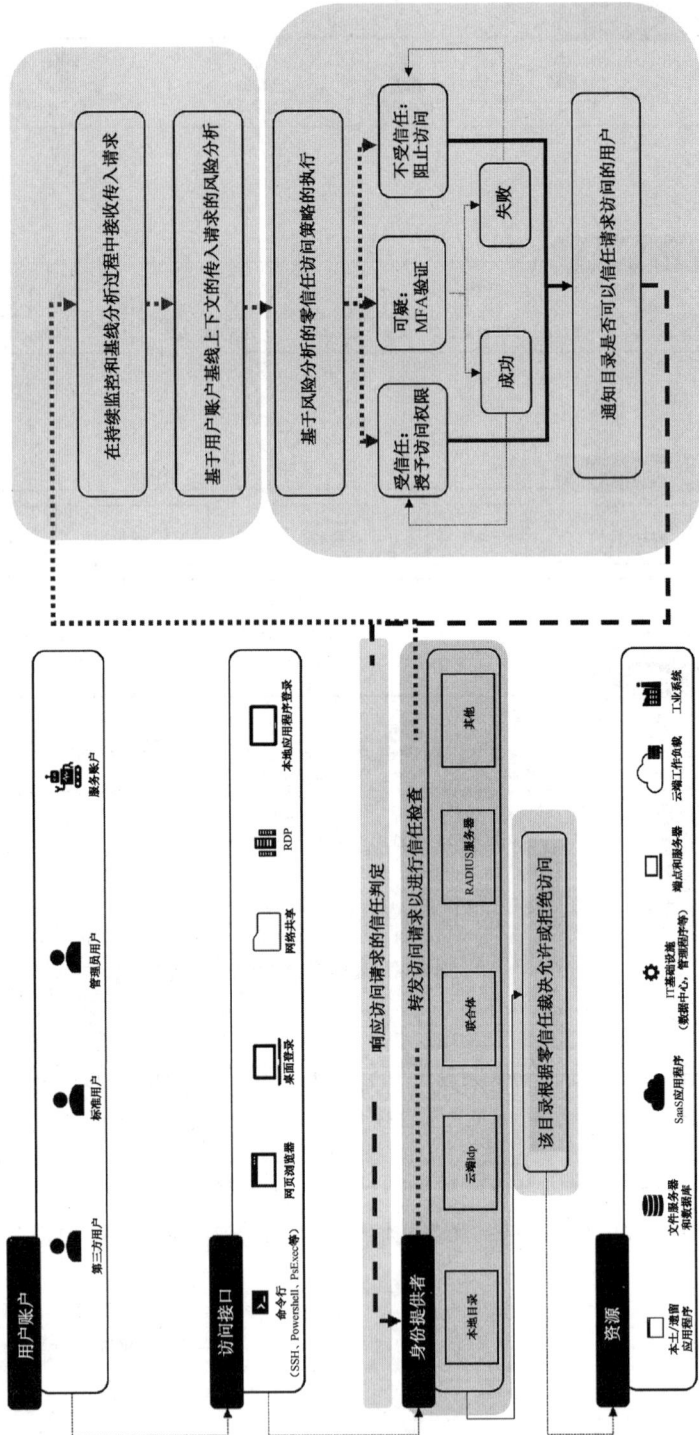

图 4-3 身份零信任体系结构

不同的阴影颜色代表我们在实践中实施这些原则的 4 个关键支柱：统一、上下文、执行和粒度。

这些支柱是零信任核心原则在身份控制平面中的实际形式，每个支柱对应一个或多个原则，如表 4-1 所示。该表显示了这些支柱如何与零信任原则相对应。

表 4-1　将实施支柱映射到零信任原则

实施支柱	零信任核心原则
统一	明确验证
上下文	明确验证，假设违约
执行	假设违约，使用最低权限访问
粒度	使用最小权限访问，假设违约

4.3　实施支柱

让我们更详细地探讨每个实现支柱。

4.3.1　统一

统一是指能够 360 度实时了解所有身份验证和所有本地及云资源的访问尝试，这些尝试由人类和机器用户通过使用任何身份验证协议的任何访问界面进行。

4.3.1.1　零信任原则

统一是正确实施明确验证原则的初始先决条件，因为它确保所有必需的数据点都可用于可靠的风险分析和异常检测。

4.3.1.2　架构布局

图 4-4 显示了如何实现统一。所有身份验证都是针对混合环境中的各个目录执行的。

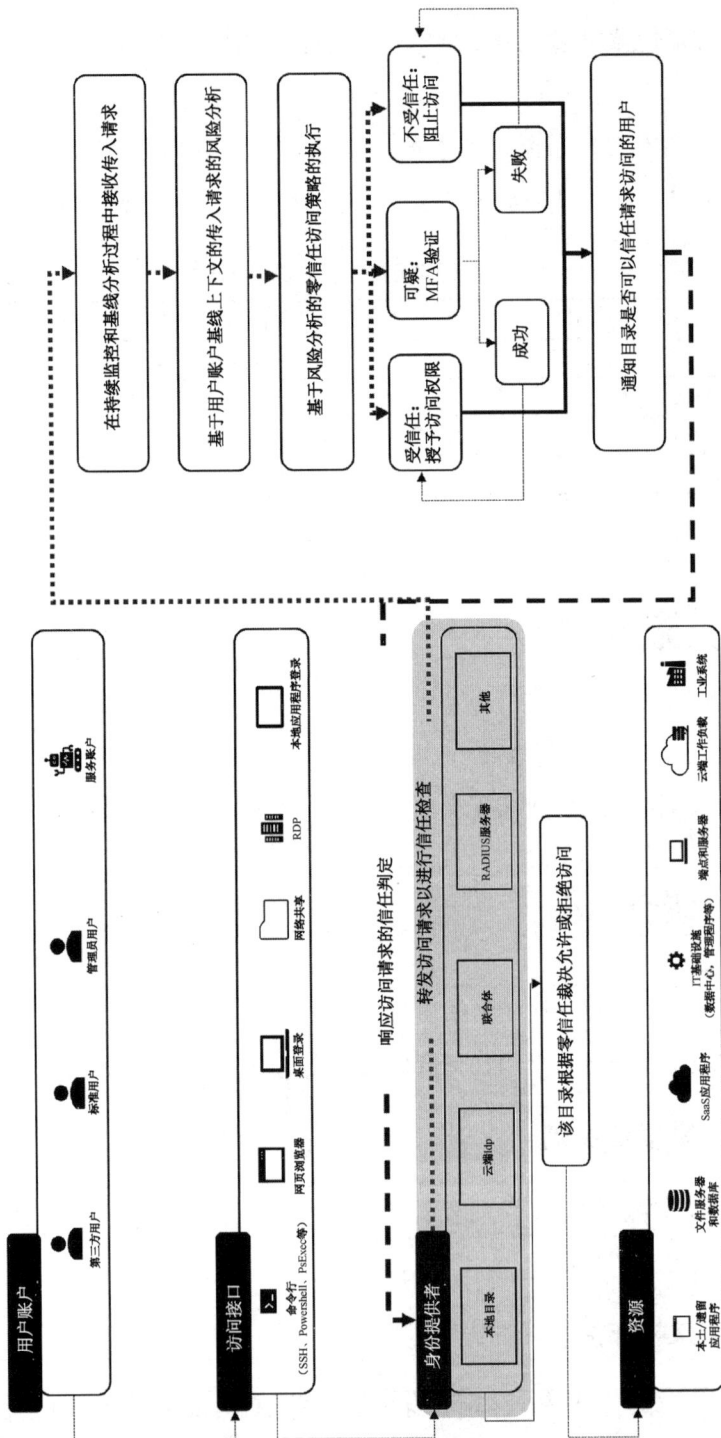

图 4-4 身份零信任："统一"的关注点

因此，逻辑上的解决方案是将它们中的每一个都转发到一个中央池，在那里可以对它们进行监视和分析。图中有颜色的部分显示了一个常见目录的示例。当然，实际上可能有更多。例如，许多企业拥有多个云身份提供者（idp）。另一个例子是本地验证的本地应用程序。

从图中可以看出，所有目录都必须将其身份验证转发到零信任抽象层。从理论上讲，这一层可以是一个独立的产品，也可以是一个目录中的一个组件，在逻辑上与该目录的身份验证组件分开。但是，应该注意的是，目前大多数目录本身并不支持此类功能。

4.3.1.3　流程

统一流程运行如下：

● 来自目录 A 的用户请求通过提供用户名和密码访问资源。

● 目录 A 评估检查用户名和凭据是否匹配。有两种可能性：

  · 凭据不匹配——目录 A 拒绝访问并将数据转发到零信任抽象层。

  · 凭证匹配——目录 A 将数据转发到零信任抽象层以供进一步分析。

4.3.1.4　可操作的问题清单

要评估你的零信任准备情况，你可以查看以下清单：

1．我是否拥有一个提供所有身份验证实时可见性的单一接口？

2．我能很容易地区分标准用户和特权用户吗？

3．我能很容易地区分人类用户和服务账户吗？

4.3.1.5　其他关注点和注意事项

（1）端到端。

随着越来越多的组织将基础设施和应用程序迁移到云端，数字化转型正在全速推进。虽然生产率优势显而易见，但这种转变造成了身份管理的严重碎片化，从而直接影响到安全。

让我们考虑一个标准的企业环境。它通常包括一个本地目录（例如，Active directory）、用于软件即服务（SaaS）应用程序的云端目录以及分布在多个提供商的公共云中的基础设施即服务（IaaS）工作负载。此外，还有一个 VPN 或其他安全远程连接的替代方案，可能还有一个保护特权账户的解决方案。

身份零信任的第一步是确保所有身份验证和访问的可见性可用。这需要克服碎片化的挑战，以获得一个单一的接口，从中可以确保没有盲点，并且每个试图访问企业资源的用户（无论是 SaaS 应用程序、远程 VPN 连接还是本地文件服务器）都是可见的。

（2）网络和非网络视角。

必须承认，碎片化挑战的根本原因并不像天真的假设所暗示的那样源于企业在云转型过程中所处的阶段。问题不在于本地还是云端，而在是于非网络资源还是网络资源。让我们进一步说明这一点。

当身份成为问题时，资源之间的关键区别应该在于如何访问这些资源而不是它们所在的位置。例如，一家企业可能认为自己是 100%云原生的，所有 SaaS 应用程序以及所有服务器和工作负载都在 Amazon Web Services (AWS)或 Azure 中。然而，它的应用程序是通过 Web 浏览器访问的，并且使用安全断言标记语言(SAML) OpenID Connect 等，而它的服务器（虽然基于云）仍然可以通过 Windows New Technology LAN Manager (NTLM) 和 Kerberos 访问。

在实践中，这意味着在设计上，对这些资源的访问不能由单个 IdP 管理，因此即使环境是云原生的，碎片化仍然很严重。

归根结底，身份堆栈的碎片化是当前和可预见的未来的一个起点。这是所有身份零信任计划都应该考虑的一个因素。

（3）服务账户。

到目前为止，我们已经讨论了身份零信任和资源上下文中的碎片化挑战。然而，同样重要的部分是企业用户，包括内部员工、第三方供应商和服务账户。统一支柱要求对访问资源的每种类型的用户都具有可见性，而不管该用户属于哪个组。

根据经验（尽管总会出现异常），虽然这对于标准用户来说是一个相当简单的过程，但对于第三方访问来说可能更具挑战性，最大的挑战在于获得服务账户的可见性和对其进行监视。

简单回顾一下：服务账户是不与任何人类用户相关联，是用于机器对机器通信的账户。虽然有些由管理员手动创建以简化操作，但许多是在新软件安装过程中自动创建的。服务账户的一个常见用途是跨环境中的机器分发软件更新。

通常，这些账户创建时具有高访问权限，因此它们可以访问其他计算机并执行其中的程序和任务。

标准信息技术（IT）团队既不完全了解其环境中服务账户的数量，也不了解它们的活动。

这个盲点，再加上这些账户的访问权限，使它们成为攻击者有利可图的目标。因此，必须对所有类型的身份零信任企业服务账户有充分的了解。

⊗ 4.3.2　上下文

基于跨所有企业资源的整个身份验证活动，可以持续为每个用户账户创建行为基线概要文件，从而为每个新的访问尝试提供可靠和高精度的风险分析，以确定是否可以信任给定用户访问资源。

4.3.2.1　零信任原则

上下文实现支柱在实现显式验证原则方面补充了统一支柱，对异常检测负责。同时，通过它提供的风险分析和威胁检测功能，它也与假定违约原则密切相关。

4.3.2.2　架构布局

图 4-5 中的阴影部分显示了上下文支柱发生的位置。对所有用户的身份验证和跨所有企业资源的访问尝试的摄取、聚合和分析是零信任抽象层在目录转发的连续数据之上执行的首要任务。

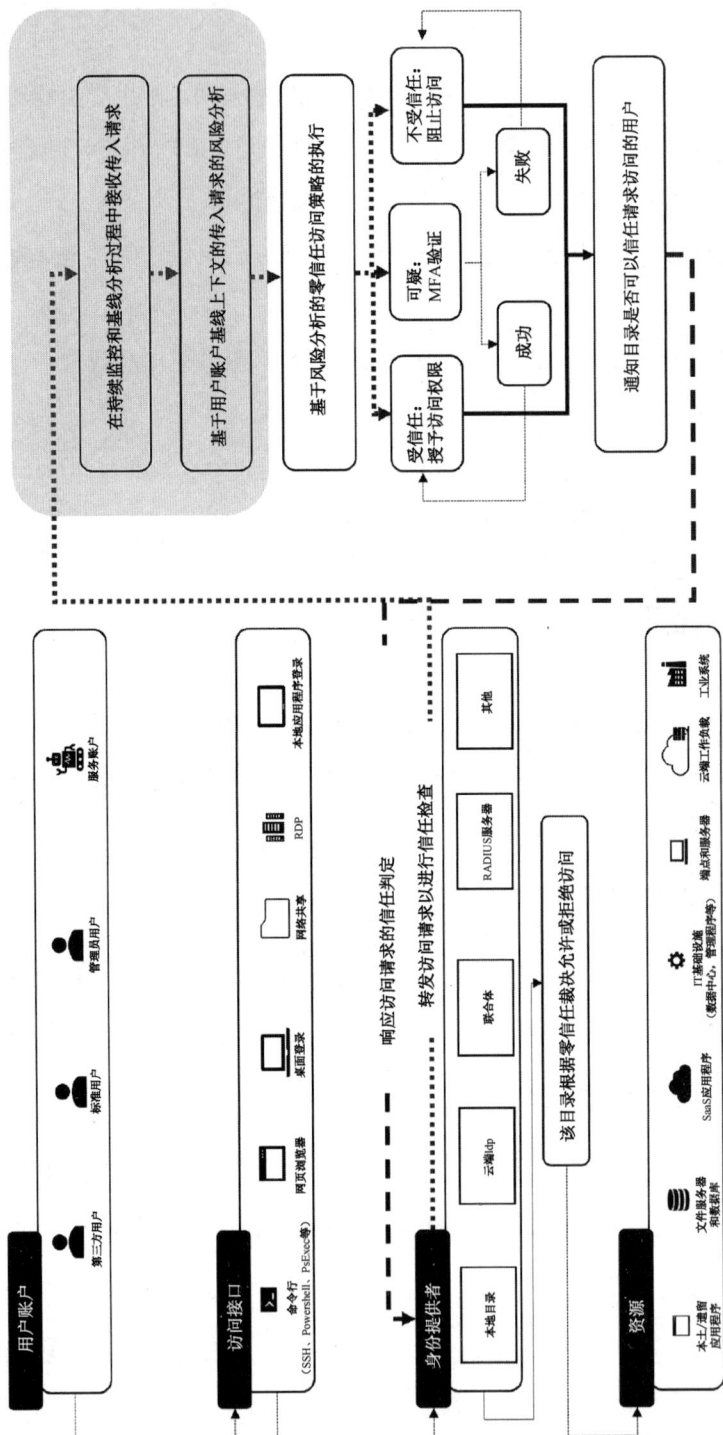

图 4-5 身份零信任架构：以上下文为中心

用户的行为基线来源于尽可能多的数据点，包括但不限于其个人和群体模式、时间、地理位置、资源访问类型和频率等。除了异常之外，还有其他因素会影响用户的风险评分。例如，多次拒绝多重身份验证（MFA）可能表明用户的凭据已泄露。另一个例子是检测已知与恶意活动相关的身份验证流量模式，例如 Pass-the-Ticket、Pass-the-Hash 等。这些示例中的每一个都会提高用户的风险评分。

4.3.2.3　流程

在上下文支柱中有两个互补的流程：

（1）行为基线流程（学习阶段）。

● 目录将身份验证请求转发到零信任抽象层。

● 每个身份验证请求都连接到其各自的用户。

● 身份验证请求被分解为其组成部分（源目录、时间、地理位置、频率等）。

● 所有组件都由专门构建的算法连接起来，以适应用户的行为基线。

（2）单认证流程。

● 目录 A 将用户 X 的身份验证转发到零信任抽象层。

● 验证请求根据用户 X 的行为基线、设备的风险和所有其他相关上下文细节进行分析，并且是：

   · 正常——用户 X 的风险评分保持不变。

   · 不正常——用户 X 的风险评分升高。

4.3.2.4　可操作问题清单

要评估你的零信任准备情况，可以查看以下清单：

● 我是否拥有可以摄取所有身份验证数据的风险引擎？

● 我的风险引擎能否可靠地确定给定的身份验证是合法的还是恶意的？

4.3.2.5　其他关注点和注意事项

统一支柱确保所有身份验证数据可用，没有用户活动盲点，而上下文支柱确保对这些数据进行分析，以揭示每个身份验证和访问尝试的相对风险。这可以通过以下步骤实现。

（1）完成认证跟踪。

用户可以访问多种类型的资源。第一步是利用我们前面描述的统一支柱，将所有身份验证和访问尝试与执行这些尝试的用户可靠地关联起来。通过这种方式，可以将所需的数据点用于进一步分析。

（2）行为概况。

对用户身份验证跟踪的全方位可见性使我们能够建立基于用户在混合企业中的所有资源（共享文件夹、IaaS 工作负载、SaaS 应用程序和任何其他资源）访问模式的行为概要文件。向池中添加的资源越多，行为基线就越准确。在基于身份的攻击场景中，攻击者必然会偏离受损用户的标准行为模式。与粒度支柱一致，它确保在每次新的访问尝试时进行基于此概要的风险分析，从而总结更多攻击者潜在故障点的数量。归根结底，攻击者并不是它所破坏的那个用户，对该用户活动的高精度洞察应该能够辨别出什么是正常的，什么是不正常的。

（3）统一风险分析。

每个用户账户的单一风险评分是唯一的参考点，而不管该用户试图访问什么资源。考虑以下场景：攻击者破坏了一个端点，获得了对用户凭据的访问权，并执行了 Pass-the-Ticket 攻击来访问其他机器。此外，它还会尝试使用该用户账户登录 Office 365。假设实现了统一支柱，我们就可以知道这是同一个用户。

由于它在本地环境中执行了明显的恶意行为，因此我们可以确定该用户的账户面临的风险不是本地资源，而是企业环境中的每个资源。从本地的风险行为暗示到 SaaS 环境中看似正常的访问尝试（或相反）的能力对于成功地反击穿越混合环境的攻击是必不可少的，这种攻击利用了身份堆栈中不同身份和访问管理（IAM）之间的孤岛。当同一用户尝试访问类型为 B 的资源时，即使这种访问尝试本身看起来完全正常，也可以使用单一的风险评分来检测访问类型为 A 的资源的异常情况。

⊛ 4.3.3 执行

执行是触发安全访问控制（如 MFA）的能力，或使用跨每种类型的用户、访问接口或资源的访问策略来阻止访问，以实时防止任何试图利用受损凭证访问目标资源的恶意活动。

4.3.3.1 零信任原则

执行支柱是使用最小特权访问原则的初始实现，因为它处理制定和执行访问策略，以保护资源及其托管的数据。同时，它也与假定破坏原则密切相关，因为它也努力将暴露的攻击面减少到最低限度。

4.3.3.2 架构布局

图 4-6 显示了目录和零信任抽象层如何在检测到有风险的身份验证时实施安全访问控制，而不管用户、访问接口和用户类型如何。右边的阴影组件表示访问策略，它可以独立地决定是否允许访问、拒绝访问或要求 MFA 验证，MFA 验证是针对零信任抽象层本身进行的。一旦达成裁决，它就被转发到目录，利用其本机功能允许或阻止访问。

执行支柱清楚地说明了为什么目录对于零信任实现是必要的。这是因为它们是身份堆栈中唯一有权允许或拒绝用户实时访问资源的组件。

4.3.3.3 流程

● 访问请求将根据其各自的策略进行检查。

● 根据策略，用户将被批准、拒绝访问或提示要求 MFA 验证。

● 最后的裁决被转发到目录。

● 目录根据判断决定允许或拒绝对用户的访问。

4.3.3.4 可操作问题清单

● 我是否可以对所有资源执行自适应访问策略？

● 我可以将 MFA 应用于我所有的资源和访问接口吗？

● 我是否能够实时阻止恶意身份验证？

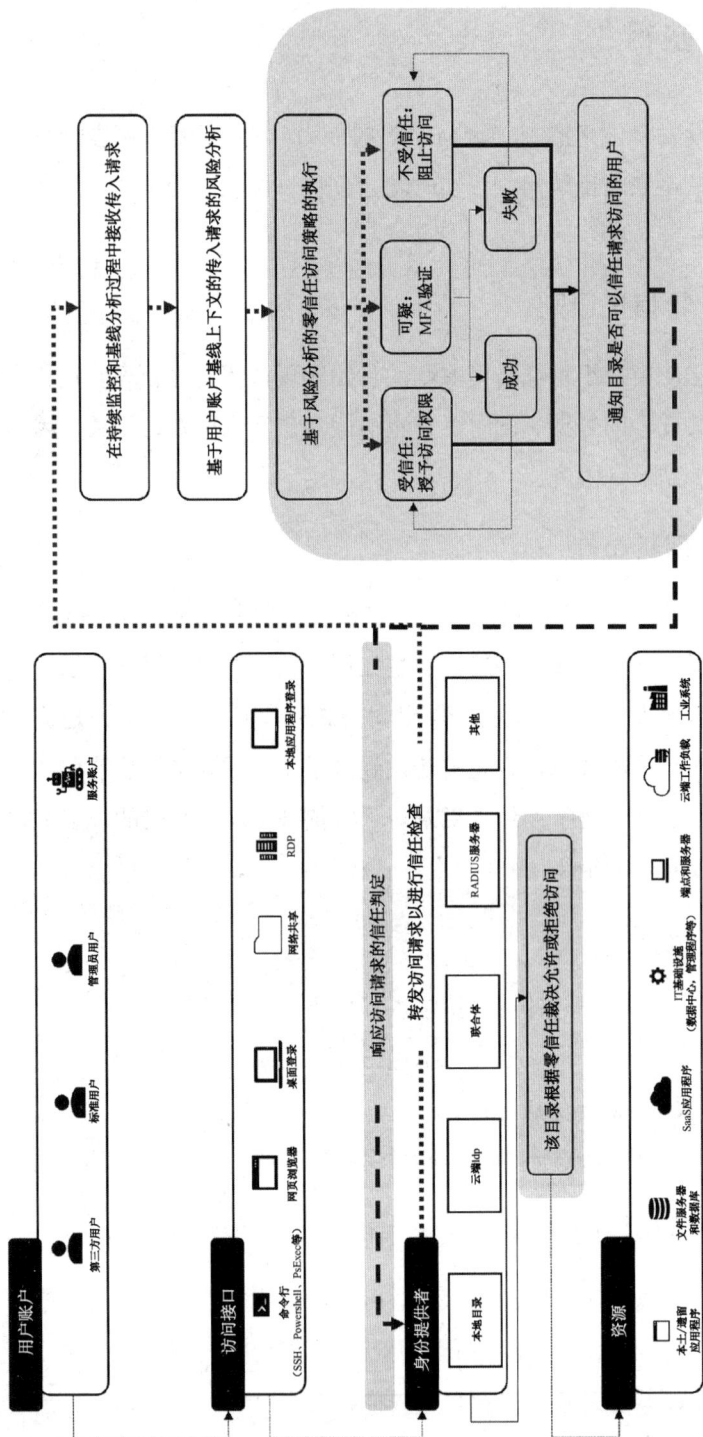

图 4-6 身份零信任架构：执行焦点

4.3.3.5　其他关注点和注意事项

（1）完整的环境覆盖。

毫无疑问，执行能力必须跨越整个环境。任何不满足的情况都会阻止零信任实现安全价值。例如，考虑以下（常见的）场景：敏感文件服务器有一个代理，该代理对远程桌面协议（RDP）连接和桌面登录执行 MFA 保护。然而，通过命令行（PsExec、PowerShell、WMI 等）进行的远程访问不受此保护，这使得该服务器暴露于任何获得受损凭据访问权的威胁行为者的横向移动攻击下。

（2）访问策略详解。

执行以访问策略的形式进行，该访问策略基于各种条件授予或拒绝访问。这既可以由 idp 本身实现，也可以由与 idp 集成的抽象层实现，抽象层可以作为用户是否有资格访问资源的决策者。无论采用哪种方式，最重要的是能够实时拦截身份验证，并防止发生不受信任的身份验证。

为零信任实施制定访问策略需要分析身份验证被标记为恶意并因此不受信任的各种方式。换句话说，为了在假设违规原则下运作，必须知道哪种类型的身份验证可以表明确实发生了违规行为。为此，可以结合使用 3 种类型的访问策略：

（3）基于规则的策略。

这些策略基于常识和从先前攻击中积累的知识，预先预测攻击者可能会做什么。例如，攻击者通常会寻找管理员凭据，这些凭据会给他们带来巨大的访问权限。基于规则的策略会预料到这一点，并且只允许从管理员的机器本身使用管理员凭据进行远程连接。任何其他选项都将被视为不受信任，并且会提示管理员用户进行 MFA 或阻止访问。

（4）基于模式的策略。

这些策略依赖于上下文支柱功能，以确定的方式检测专门与恶意技术（如 Pass the Hash、Pass the Ticket、Kerberoasting 等）相关的身份验证流量模式。基于模式的策略在检测到这些模式时触发，可以阻止访问或要求 MFA 验证。

（5）基于风险的策略。

当访问尝试的风险评分超过某个阈值（用户不被允许访问任何资源）时，将触发这些策略。风险分数的提高可以在尝试身份验证期间检测到，也可以依赖于先前的身份验证。我们可以将风险升高的根本原因分为以下几种：

- 无法根据基于规则的策略进行身份验证。例如，用户提供了有效凭证，但 MFA 验证失败。在这种情况下，该用户将被视为被感染，其风险评分将相应上升（对任何资源访问都生效）。

- 已知恶意模式的表现。在这里，风险级别将与检测到的恶意行为相匹配。例如，尝试暴力攻击表示攻击者只获得了用户名，而 Pass the Hash 表示攻击者已经获取了用户名和他的凭据（以 NTLM 哈希的形式）的更严重的风险。恶意模式还包括从其他安全产品[安全信息和事件管理（SIEM）、安全编排、自动化和响应（SOAR）、端点检测和响应（EDR）等]接收的任何风险数据。

- 攻击者可能执行的异常行为表现。在这种情况下，由于根据用户的行为基线检测到用户行为异常（如上下文支柱中详细描述的），风险会升高。例如，从两个不同的位置同时登录 SaaS 应用程序，在不到 10 秒的时间内访问大量服务器等。

⊙ 4.3.4 粒度

粒度是在每个单独的资源访问上应用整个零信任流的能力，强制用户在每次新的访问尝试时重新获得信任，并且永远不会假设先前的访问足以将用户视为受信任的。

4.3.4.1 零信任原则

粒度实现支柱与使用最少权限访问（use least privilege access）和假定破坏（assume breach）紧密相关，因为它通过创建包含多个故障点的深度防御层，极大地提高了弹性。

4.3.4.2 架构布局

图 4-7 显示了整个零信任体系结构，粒度支柱是关于对每个资源访问尝试应用完整的零信任周期。

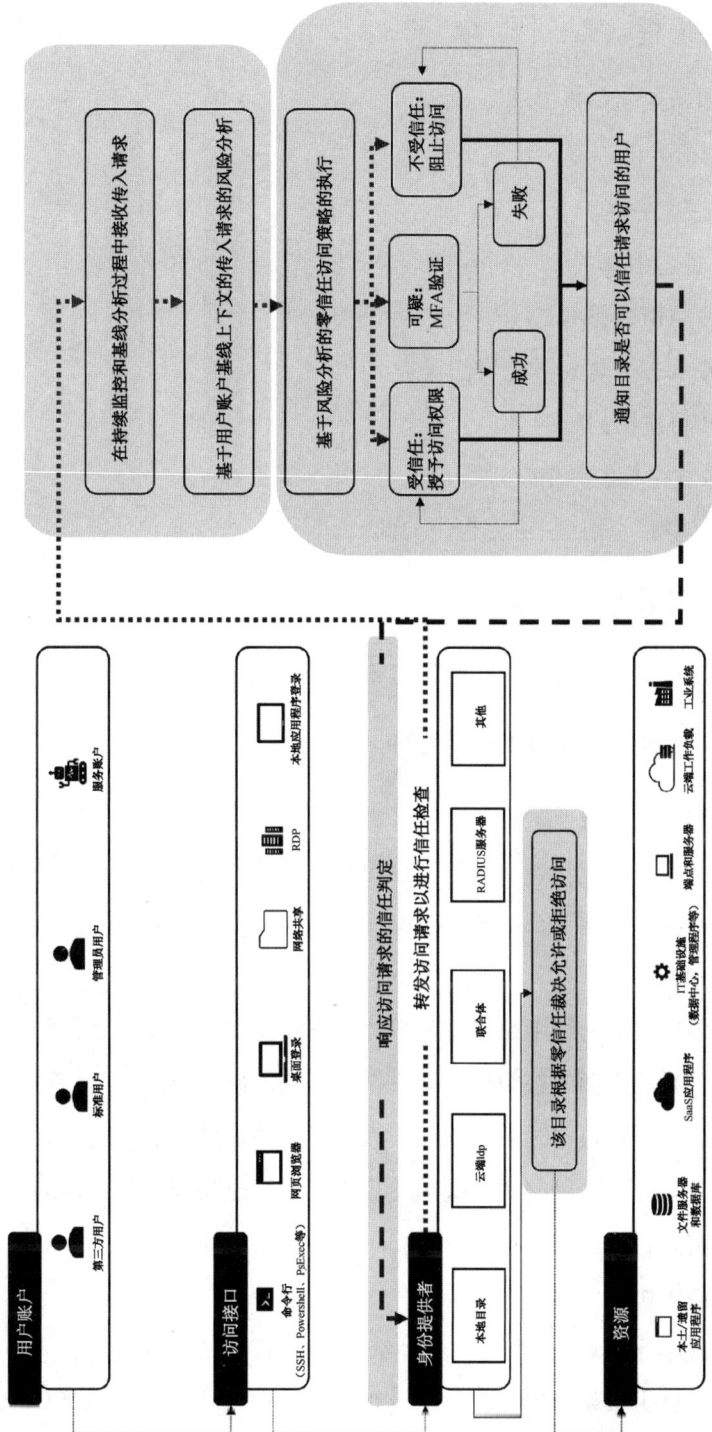

图 4-7 身份零信任架构：粒度

4.3.4.3 流程

1. 用户 X 请求访问资源 A。

2. 完全零信任进程被触发。用户为:

   2.1 受信任的。

   2.2 不受信任的。

3. 用户 X 注销资源 A。

4. 用户 X 状态恢复为不受信任状态。

5. 用户 X 再次访问资源 A。

6. 再次触发完整的零信任进程。

7. 其他资源触发零信任进程也是如此。

4.3.4.4 可操作问题清单

我是否可以在单个资源级别强制执行零信任验证过程?

4.3.4.5 其他关注点和注意事项

(1) 资源与网络分段。

粒度支柱确保将用户获得信任的安全检查置于单个资源级别而不是网段级别。让我们将其分解以更好地理解这个概念。

(2) 从段到资源。

虽然基于零信任的网络中最基本的单元是网络微段,但身份零信任可以通过强制用户在访问每个单独的资源时获得信任来进行更深入的研究。这些导致攻击面的材料减少,因为它显著增加了实际攻击时的故障点。为了更好地理解所增加的价值,让我们考虑两种场景之间的差异——网段网关的破坏使攻击者有可能访问该网段内的所有资源,而资源访问的破坏将限制攻击者仅使用该资源。

(3) 从资源到访问尝试。

这个已经最小化的攻击面可以通过强制用户不仅在最初的资源访问中,而且在所有进一步的访问尝试中重新获得信任来进一步减少。通过这种方式,用户 A 在下午 1:00

被授予访问敏感文件服务器的权限，并不能免除他或她在一小时后再次访问该服务器时进行额外的安全检查。这创建了一个多层安全结构，可以对基于身份的攻击保持较高的弹性。即使攻击在某一点上成功了，它仍然需要一次又一次地重新获得信任，在造成实际伤害之前增加被发现和遏制的可能性。

（4）重述假定违约部分。

假定违约组件展示了一种实用且极其有效的方法——因为我们永远无法 100%确定我们的安全控制没有被绕过，让我们沿着不同的方向走，并构建我们的安全实践，就像我们 100%确定它们被绕过一样。将其转换为身份术语：每当用户执行身份验证以访问资源时，我们就会认为发生的事情是攻击者利用用户泄露的凭据冒充真正的用户。

因此，最合乎逻辑的做法是在信任用户访问资源的权利之前执行额外的安全检查。然而，不能就此停止，因为我们不能天真地假设我们的安全检查不能被绕过！乍一看，这似乎是一个死胡同——当你假设你的保护被绕过时，你如何保护？

现在我们可以理解为什么粒度支柱对于有效实施假定违约原则至关重要。虽然我们无法确定安全检查是否成功抵御了威胁行为者，但我们可以确保如果它确实被绕过，攻击者的收益将是最小的。在最坏的情况下，攻击者只能在有限的时间内访问单个资源。

4.4　身份现代化的优先事项

随着我们使用越来越多的设备登录和访问数据，我们看到个人在本地登录其设备并围绕本地设备构建安全边界的简单方法不再可行。所有垂直的领导者都在对企业内部的基本职能进行数字化，以提高竞争力、提高效率或为客户提供更好的服务。这些支持云的数字化转型都为员工创造了更多机会，让他们可以通过笔记本电脑、智能手机、平板电脑和其他设备远程工作。当我们为现代企业提供随时随地工作所需的数字工具和敏捷性时，我们需要为每位员工提供单一身份。这创造了一个环境，在这个环境中，可信身份对于成功的数字化转型至关重要，并且简单安全的登录过程必不可少。

零信任是一个跨越多年的多方面的旅程。清晰地定义目标、结果和架构比被动的方法更能使组织获得成功。

发展身份安全的总体方法涉及通过中央控制平面整合所有访问路径，然后利用智能策略引擎确保只有已知的安全请求才能通过。整合过程确保所有相关实体（用户、设备和应用程序）与一个公共身份平面集成，该身份平面集成了一组丰富的信号来评估和处理身份验证请求。应该注意的是，在这种情况下，身份一词不仅仅指人的身份，还包括设备、应用程序和服务（或虚拟机）身份（如图 4-8 所示）。

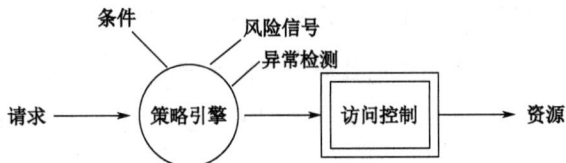

图 4-8 零信任访问控制

策略引擎从多个来源获取其情报，包括 IdP、用户行为信号、应用程序风险指示器和设备信号。

对于身份的零信任方法将把你带到下面讨论的 4 个优先级的方向。在本章余下的内容中，我们将讨论如何构建一个身份平台来实现这些优先事项。

在决定身份管理的目标时，请考虑对每个优先级给予多少关注，并找到适合你的组织的选先事项。

4.4.1 优先级 1：统一身份管理

现代 IDaaS 平台使组织能够在一个中心位置管理其所有身份，无论它们是在云中还是在本地。关键是要超越员工身份，将 IdP 置于所有身份验证请求的中心。这里有一些建议可以帮助你开始这项旅程。

- 用户的身份——员工、外部用户（如合作伙伴和供应商）以及客户。
- 为应用程序实例创建的应用程序和身份（例如，服务原则）。

● 设备——根据分配的用户注册设备，以提供无缝的用户体验。

4.4.1.1 控制 1.1：开启单点登录功能

身份转换的浪潮始于用户体验的统一和简化，这涉及跨应用实现单点登录和无密码体验。

从身份的角度来看，大多数组织目前都处于与云身份提供者（IDP）同步的本地目录中的传统身份的混合设置中。后者将提供主身份验证（如图 4-9 所示）。

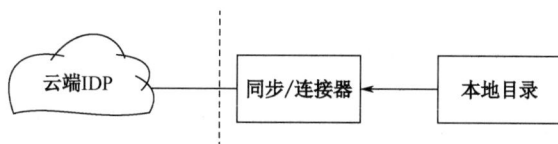

图 4-9 身份同步流程

同步云端和本地目录可以使用 SSO 登录到一些核心企业工作负载，如 O365、GSuite、客户关系管理（CRM）系统等。

具有自己的身份源的应用程序会产生身份验证源孤岛，并使组织无法完全了解身份验证风险采取有见地的行动——稍后会详细介绍。因此，在规划 SSO 时，必须查看所有其他应用程序并跨 SaaS 应用程序、本地应用程序和定制应用程序连接到中央身份提供者。

某些目录（例如 AzureAD）原生支持 OpenID Connect (OIDC)和基于 SAML 的应用程序的 SSO。对于支持 Kerberos，基于标头的登录或基于自定义表单登录的遗留应用程序，应用程序代理可以协商 Kerberos 令牌或简单的中继密码以启用 SSO。

对于这些方法未涵盖的任何其他应用程序，或者它们已经通过远程访问解决方案进行配置，请利用可用的集成将它们连接到通用身份堆栈。例如，Azure AD 集成了 RDS 等微软原生解决方案和 Citrix、Akamai、F5、Netskope、ZScalar 等供应商的主要第三方解决方案（如图 4-10 所示）。

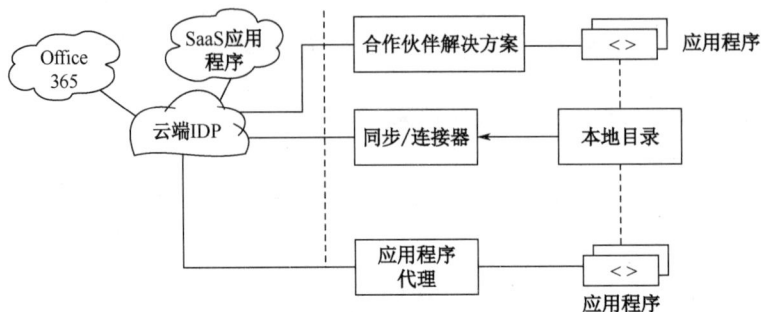

图 4-10　Azure AD 与第三方解决方案集成

4.4.1.2　控制 1.2：外部身份

Pulse 在 2020 年 2 月提供的微软研究表明，98%的高管认为，深化与客户和业务合作伙伴的接触是未来的发展方向。业务领导者需要授权所有合作伙伴（包括分销商、供应商等）安全、无缝地访问所需资源，同时保护其组织的资产。此外，业务伙伴在与组织的交互中具有独特的"生命周期"。与季节性或兼职承包商相比，作为固定合作伙伴的子公司可能需要更长期的资源访问权限。

为了促进与合作伙伴的真正协作，必须考虑将他们集成到身份生命周期实践中，允许他们在可能的情况下安全地使用自己的身份，并实现注册和登录过程的无缝连接。现代身份识别平台能够实现这一点，同时保持低风险，保护应用程序和数据，尊重外部用户的隐私风险，并遵守所需的标准[例如，通用数据保护条例（GDPR）]。

IDP 平台可以简化员工、客户和合作伙伴身份在通用身份平台上的集成，并将其封装在身份保护和法规遵从性的总体层中。

4.4.1.3　控制 1.3：尽可能启用无密码方法

密码早在计算机发明之前就开始使用了。可以说，罗马军队用暗语来区分朋友和敌人。这可能促使被广泛认为是现代计算机密码之父的 Fernando Corbató于 1960 年在麻省理工学院引入密码，以实现大型计算机的安全分时。这种做法一直延续到从那时起创建的每个系统或应用程序。

然而，和罗马时代一样，现在的密码也有同样的风险：

- 它们只能作为一个人的记忆。简单的密码很容易被猜中，而复杂的密码则容易被遗忘，因此人们倾向于把密码写在不安全的地方。
- 如果每个系统都要求一个单独的密码，人们就会重复使用他们的一些密码。
- 如果你要求人们经常更改密码，他们会遵循一种很容易猜到的更改模式。

无密码身份验证结合了与用户相关的多个因素，取代了提供密码的需要，具有身份验证过程安全和无缝的用户体验。

该过程通常涉及为用户将主要使用的设备注册创建信任指标。然后，登录过程会在提供访问权限时确认已建立用户的合法所有权。

现在有一些 IDP 平台支持无密码身份验证功能。

4.4.1.4　控制 1.4：自动配置

如果应用程序必须单独维护自己的用户，仍然可以选择在一个中心位置掌握身份。许多现代应用程序支持跨域身份管理系统（SCIM）连接器来自动配置用户身份。用户配置的另一部分是确保用户在连接的应用程序中具有正确的访问权限以获得正确的授权，SCIM 还有助于提供正确的组成员身份以实现适当的授权。SCIM 的诞生源于在基于云的应用程序和服务中管理用户身份的需求。

使用 SCIM 配置身份有助于实现受控的身份生命周期并限制用户配置中的差异。

4.4.1.5　控制 1.5：设备集成

管理用户的笔记本电脑或计算机有助于使用唯一 ID 跟踪这些设备，并提供对设备指示器的访问，从而帮助企业做出更好的决策。例如，当用户用受管理的受信任设备访问时，允许访问数据，但对于从未知设备访问的用户实施更严格的访问控制是有意义的。

使用集成身份平台注册设备可以带来以下收益：

- 被管理设备的无缝 SSO。
- 使用设备指示器作为策略引擎的附加信号。
- 设备集中管理，便于远程监控。

注册设备为你的零信任架构提供另一层智能技术以供决策。

4.4.1.6　控制 1.6：托管身份

服务账户创造了一个很大的攻击面，因为在大多数情况下，这些账户存在以下特点：（1）以高权限运行；（2）几乎不回收密码；（3）难以使用强大的身份验证方法。

如果可能，建议利用现代手段提供对敏感资源的访问。今天，权限访问管理（PAM）是一个文档齐全的成熟流程，这些包含服务账户的实践必须构建到任何零信任模型或其实现过程中。

⊙ 4.4.2　优先级 2：实施安全自适应访问

4.4.2.1　控制 2.1：安全自适应认证

密码是一个不再需要的恶魔。即使不可能完全从身份中删除密码，也有大量可用的技术可以防止用户多次输入密码。我们在前一节中讨论了 SSO 和无密码登录。

MFA 有助于在多个方面对其进行升级。

● 它通过确保用户是他们声称的身份来帮助加强识别过程。

● 通过利用我所说的"双因素"身份验证，它有助于使身份验证过程无缝对接；也就是说，安全的第二个因素（例如，身份验证应用程序或生物识别扫描）封装了密码。除了提供无密码体验，它还可以防止密码在网络中传输，使整个过程更加安全。

保持零信任心态的精神，通过利用其他身份验证指标来评估请求并应用适当的访问控制，可以使身份验证过程更加强大。

一些可以根据上下文做出决定的常见指标：

● 谁（who）——身份的认证和风险（例如，使用强大的 MFA）。

● 如何（how）——设备、设备身份风险、浏览器或应用程序类型。

● 什么（what）——所用内容的敏感性。

● 地点（where）——地点的变化，使用模式。

● 时间（when）——访问日期时间、访问频率。

用这样的上下文丰富身份验证有助于做出安全的决策，并在需要时为调查提供信息。

OIDC 等现代身份验证协议使用访问令牌来提供对所需资源的访问。这些令牌的生命周期有限，以确保受损会话已被设置为过期。如果上下文变得陈旧，身份验证服务器将能够更新声明并在需要时限制访问。如果新条件需要，身份验证服务器将此事件作为实施 MFA 或访问控制的机会。

OIDC 规范于 2019 年 8 月宣布了持续访问评估（CAE）的更新规范。CAE 允许合作的发送方（应用程序）和接收方（认证服务器）利用共享信号和事件框架，并更定期地监控访问的有效性。发送方可以使用这些事件发送连续的更新，接收方可以修改访问并实施所需的访问控制。

这样做是为了确保：

有条件的访问：

- 覆盖范围——仪表板和模板。
- 粒度和分组——设备过滤器（用于异常）。
- 分组——过滤应用程序。
- 认证方法策略。

例如，Azure AD 利用其名为条件访问（conditional access）的策略引擎，该引擎集成了设置的条件、风险指示器和其他威胁情报，以决定单个身份验证请求。类似地，Netskope 使用其云交换的一个组件，云风险交换（CRE），通过自动化凭证和工作流应用有条件的访问。

风险政策引擎将变得更加广泛和丰富，预计将包括：

- 通过有条件访问仪表板和可用性或现成模板来为常见场景创建策略，提高了覆盖率。
- 基于特定设备属性的过滤器增强了粒度。
- 具有通过使用应用程序过滤器对多个应用程序进行策略分组的能力。
- 能够将策略定位到特定的身份验证方法。

4.4.2.2　控制 2.2：阻止传统身份验证

早期的身份验证协议（现在称为旧版）在设计时就考虑到了双方的身份验证周期。在此类协议中，应用程序（称为客户端）与身份验证服务器交互以代表用户协商令牌。这个过程中存在多重风险：

- 用户将用户名和密码传递给应用程序，然后应用程序使用它来协商访问。如果应用程序不安全地处理密码或密钥，用户就会面临风险。
- 由于用户不直接参与协商过程，因此很难实施进一步的身份验证因素来验证请求者的身份。
- 大多数遗留协议缺乏安全控制来防止令牌重放/哈希重用攻击。

现代的认证协议如 OIDC 和 SAML 就是为了克服这些风险而设计的。它使用三方认证，这意味着用户直接与认证服务器协商访问令牌，然后将它们传递给应用程序。显而易见的好处包括：

- 在协商期间执行 MFA 的能力。
- 凭证在用户和身份验证服务器之间保持安全。
- 利用标识客户所有权的参数（如 session 和 nonce）来防止令牌重放攻击。

在可能的情况下，应利用现代身份验证协议，并应阻止或限制遗留（早期）身份验证协议的使用。在许多情况下，传统身份验证的需求仅限于打印服务器等设备。优先考虑使用基于身份、位置和服务的限制来控制对这些设备使用遗留身份验证。

在很多情况下，像 Exchange Online 这样的应用程序提供了在客户端级别拒绝遗留身份验证请求的功能，这些请求会在到达身份验证服务器（Azure AD）之前被拒绝。当需要更细粒度的控制来限制传统身份验证时，你可以基于多个指标利用条件访问来实现它。

4.4.2.3　控制 2.3：保护免受知情钓鱼攻击

OIDC 标准将应用程序和资源服务器（例如 API）定义为单独的实体。该模型允许发布基于开放标准的服务，并允许所有兼容的应用程序请求访问资源。对此类资源的请求通常以同意表单的形式出现，通知并警告用户所述应用程序请求的访问级别，并要求用户批准授予访问权限。

虽然该模型有助于帮助应用程序集成，但它可以被武器化并用作攻击媒介。攻击者可以创建看起来值得信赖的应用程序或将非法代码注入受信任的网站，并使用它来钓鱼用户的敏感详细信息。该网站试图诱骗最终用户同意应用程序访问他们的数据，例如联系信息、电子邮件或文档等。

这类攻击不受常规补救措施（如密码更改或 MFA）的影响，因为在此步骤中授予了对身份的访问权限。

2020 年，SANS 研究所遭受了类似的攻击，导致创建了电子邮件转发规则，允许将电子邮件转发到外部电子邮件地址。

可以帮助防止此类攻击的行动包括：

● 强化应用程序的同意过程，包括确保没有人可以代表整个组织授予同意。

● 监控对任何外部应用程序的访问以获取风险指标，并使用工具帮助你采取紧急行动阻止此类应用程序。

● 寻找表明 OIDC 攻击已经发生的妥协指标（IOC），并将其纳入你的安全运营中心（SOC）考虑因素。

4.4.2.4 控制 2.4：同等关注本地身份

尽管许多组织的身份都处于混合状态，但本地身份服务器（在大多数情况下是活动目录）似乎是被遗忘的持续监控实体。最近的一些攻击，如 SolarWinds，利用 SOC 可见性的这一差距遍历整个组织，并用恶意代码感染他们的开发管道。

建议将内部身份监测作为身份加强过程的一部分，并使 SOC 能够通过监测用户和实体行为在混合环境中检测高级攻击。该解决方案涉及识别和调查可疑的用户活动，并结合其他用户指标将良性活动与潜在的恶意任务（如侦察或 pass-the-hash 攻击）区分开来。一些安全供应商支持集成到更广泛的安全生态系统中的用户和实体行为的异常检测。

⊚ 4.4.3 优先级 3：身份和访问治理

适当的治理是身份和访问管理过程中必不可少的一部分。从广义上讲，治理可以分为两个方面：

- 身份治理——包括识别用户角色、定义身份所有权和实现托管身份生命周期（加入者、转移者、离开者）。

- 访问治理——创建策略来控制用户成员资格并确保正确的授权。在许多情况下，这是通过确保使用托管权限系统[例如基于角色的访问控制（RBAC）]、自动权限分配和回滚以及即时（JIT）权限供应来实现的。

根据 Crowd Research Partners 的数据，90%的组织感到容易受到内部攻击。主要的风险因素包括拥有过多访问权限的用户太多（37%）、能够访问敏感数据的设备越来越多（36%）以及 IT 的复杂性越来越高（35%）。

身份治理过程应该能够帮助识别以下内容：

- 谁有权访问哪些资源？谁应该有权访问？

- 他们使用此访问权限做什么？

- 是否为任何用户过度提供访问权限？是否存在由于角色或部门的变化而导致权限范围发生变化的情况？

- 我们如何展示访问治理控制正在发挥作用？

身份和访问生命周期治理有助于管理用户在组织整个生命周期的访问，包括：

- 在人力资本管理（HCM）[人力资源（HR）系统]中创建基于员工的身份。

- 跟踪所有更改的身份进度，并确保用户在任何给定时间只能访问其角色所需的资源。例如，用户可以作为供应商加入，后来转为承包商、永久雇员或经理。

- 用户离开组织时解除（删除）其身份。

4.4.3.1　控制 3.1：自动配置和取消配置

在大型组织中，手动保持用户的状态变化很容易失去控制。如果可能的话，采用自动化与人力资源（HR）系统集成，以触发基于员工状态变化的身份创建或存档。这将有助于实现员工的无缝入职和离职，并确保用户只在需要时保持访问权限。此外，这些事件还可以用来评估其他风险事件（例如，对公司存在不满情绪的员工试图在离开组织前不久窃取敏感内容）。

许多 IDP 与许多流行的基于 SaaS 的人力资源管理（HCM）系统集成，从而使身份生命周期管理可以自动完成。在需要时，通常还可以使用 API 与内部人力资源系统集成。

4.4.3.2　控制 3.2：访问生命周期管理和职责分离

身份和访问管理（IAM）的关键原则之一是保持职责分离，即确保所有敏感操作的功能划分在两个或多个角色之间，并且每个角色都明确定义其职责。完成敏感操作需要多个角色进行合作，以减少恶意行为发生的机会。

在实施访问生命周期管理时，角色定义还应描述该角色对不同资源所需的访问级别。这将允许创建访问组，根据角色中内置的责任分离，为角色提供所有必需的访问权限。

在角色之间移动时应分配所需的访问组，并应删除所有不必要的访问组。

适当的访问管理应该使访问请求、批准和重新认证过程自动化，以确保合适的人拥有合适的访问权限，并跟踪组织中的用户为何拥有访问权限。利用模块化访问控制系统（例如 RBAC）将有助于保持分配易于管理。

授权管理有助于定义访问模型，整合特定角色所需的所有访问权限。此外，它还支持启动自定义工作流，以便集成任何未被本地集成到授权管理解决方案中的外部解决方案的访问。

4.4.3.3　控制 3.3：遵循最小权限原则

让我们从定义特权访问开始。在现代组织中，特权访问是管理访问和其他特定于应用程序或功能的角色，这些角色可以改变任务关键应用程序运行和处理数据的方式。这些特权访问可以用于改变应用程序的行为，例如更改应用程序的目录或更改数据库的访问模式。通过将特权访问与其他角色和访问模式关联起来，可以更好地控制对组织的访问，并确保数据的安全性和完整性。

如上所述，创建访问组可以帮助将权限保持在所需级别，并为所有特权角色实施类似的请求——批准流程。通过启用特权权限的 JIT 配置，并跟踪所有此类问题，可以确保只有授权人员具有访问权限，并避免访问被滥用。

虽然传统的用户访问和特权访问审查过程仍然适用于确保快速发现和修复权限中的任何漏洞，但实施解决方案以评估过度配置的权限并修改访问组以与所需的"活动"权限保持一致可以进一步提高安全性。

存在多种解决方案，可帮助组织检测授权管理和访问审查功能，并帮助组织实施这些流程，同时还能符合一些最佳实践。

4.4.4 优先级 4：集成和监控

4.4.4.1 控制 4.1：记录和实施身份监控

由于身份在安全领域发挥着至关重要的作用，因此从身份角度保留日志和监控用户活动是非常重要的。每个主要的身份平台都提供全面的日志，用于跟踪登录、审计事件和风险情报。这些日志有助于以下几个方面：

- 了解你的应用程序和服务的使用方式。
- 检测影响环境健康的潜在风险。
- 排除妨碍用户完成工作的问题。
- 通过查看目录更改的审计事件获得洞察。

在理想情况下，你的 SOC 解决方案堆栈应该允许你使用来自你的应用程序、端点和网络监控解决方案的信号来丰富这些日志。挖掘这些日志有助于检测发现可能存在身份泄露企图或进行恶意内部活动的模式。

此外，这些日志还可以帮助展示法规遵从性，并作为任何可疑检测的警报机制。

来自多个系统的日志可以被整合到 SIEM 系统中，然后成为 SOC 团队监控和调查企业潜在风险的关键手段。

这有助于 SOC 团队检测、区分优先级和分类潜在攻击。来自多个来源的丰富遥测有助于消除误报，使团队可以专注于真正的攻击。此外，许多 SIEM 系统还提供 SOAR 功能，这些功能对于自动响应已知常见威胁非常有用，从而减少噪声和警报疲劳。

4.4.4.2 控制 4.2：集成标识用于自动检测和响应

在 SIEM 系统中整合安全日志是跨多个系统进行监控和调查的传统方法。许多现代安全平台还提供了在本地互连多个安全解决方案以传递情报、触发调查和自动协调响应的能力。这种本地集成有助于检测跨越解决方案域，并允许关联来自多个来源的警报。

如果可能的话，寻找集成安全解决方案的机会，以获取跨域情报的好处。

根据 Ponemon Institute 的一项研究，安全团队要花费大约 25% 的时间来追踪误报。同一项研究还强调，其中安全团队花费很大一部分时间用于调查事件以寻找可操作的见解、建立事件时间表并采取可重复的响应措施。

这些任务可以使用现代安全解决方案自动执行，这些解决方案可以预先关联和检查攻击指标，筛选出用于调查的洞察点，甚至采取非常接近的模仿 SOC 团队活动的响应行动。利用这些工具可以节省宝贵的时间，这些时间可以花在值得手动调查的实际攻击上。

自动威胁响应通过减少犯罪分子潜入你的环境的时间来降低成本和风险。

4.5 本章小结

总之，身份是组织安全态势的核心部分，在帮助连接所有其他安全解决方案方面发挥着作用。通过充分规划身份安全性，你可以采用零信任架构来帮助确保以下工作：

- 今天的安全策略需要一个核心优势——作为控制平面的身份和攻击者必须解决的新边界。这就是身份成为信任边界的方式：它控制用户访问应用程序和信息的方式以及从哪个设备访问。受到严格保护的单一身份是现代工作场所确保安全、采取安全措施的核心，拥有成功的身份和访问策略对于提高组织生产力和保持信任至关重要。

- 对所有资源的访问由集中式策略引擎单独评估，并在验证后提供（总是验证）。

- 管理身份和访问生命周期以确保正确的人可以进行正确的访问（最小权限原则）。

过时的 VPN 技术和横向移动问题已经一去不复返了。零信任（云）架构现在已经从一个被吹捧的"很好的附加组件"发展为 CIO 和 CISOs 希望提高运维弹性和安全控制的当务之急。

——Bugcrowd 首席信息官兼首席信息安全官，Nick McKenzie

第 5 章

零信任架构组件

5.1 零信任组件概述

零信任模式不是假定企业防火墙后面的一切都是安全的，而是假定存在漏洞，并对每个请求进行验证，就好像它来自一个开放的网络。无论请求来自何处或访问何种资源，零信任模式都教导我们"绝不信任，始终验证"。在允许访问之前，每个访问请求都要经过全面验证、授权和加密。同时采用微分段和最少权限访问原则，最大限度地减少横向移动和过度权限滥用。利用丰富的智能和分析技术来检测和应对实时的异常情况（图 5.1）。

零信任的整体方法应扩展到整个数字资产，包括身份、用户行为、端点、网络、数据、应用程序和基础设施。零信任架构是一项全面的端到端战略，需要对各要素进行整合。

零信任安全的基础是身份。无论是人类还是非人类的身份，都需要强大的授权，要求个人或企业终端与合规设备连接，并根据明确的验证、最少权限访问和假定违规等零信任原则，请求访问权限。此外，用户（和实体）的行为在这里也非常重要，因为即使身份通过了严格验证，如果其行为可疑，信任度也会降低。

电子工业

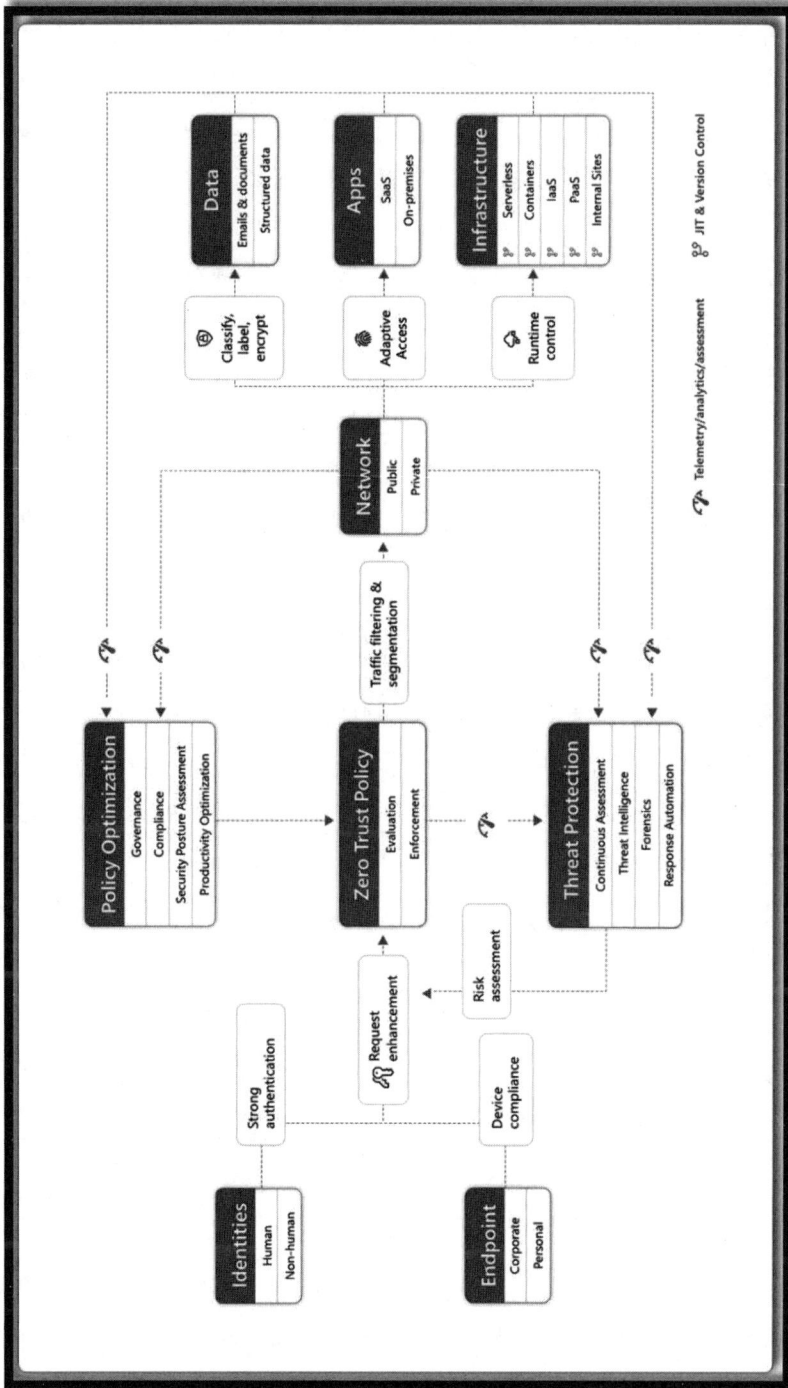

图 5.1 零信任架构概要图

作为一种统一的策略执行方式，零信任策略会拦截请求，并根据策略配置明确验证来自所有 7 个基本要素的信号，并执行最低权限访问。这些信号包括用户角色、位置、设备合规性、数据敏感性和应用程序敏感性。除了遥测和状态信息，威胁保护的风险评估也会被反馈到策略引擎中，以实时自动应对威胁。策略在访问时执行，并在整个会话过程中持续评估。

政策的优化进一步增强了这种策略的执行。治理和合规对于强有力的零信任实施至关重要。

有必要进行安全态势评估和生产力优化，以衡量整个服务和系统的遥测情况。

遥测和分析结果将输入威胁防护系统。通过威胁情报的充实，大量遥测和分析将生成高质量的风险评估报告，这些评估可以手动调查，也可以进行自动匹配。攻击以云速度发生，您的防御系统也必须以云速度行动，而人类无法做出足够快的反应，也无法筛选出所有风险。风险评估将反馈到策略引擎中，以实时自动检测威胁，并在必要时进行额外的人工调查。

在允许访问任何公共或私人网络之前，流量过滤和分段适用于零信任政策的评估和执行。数据的分类、标记和加密应适用于电子邮件、文档和结构化数据。无论是软件即服务（SaaS）还是本地应用程序，都应采用自适应访问。运行时控制适用于基础设施，包括无服务器、容器、基础设施即服务（IaaS）、平台即服务（PaaS）和内部网站，并积极采用及时控制和版本控制。

最后，来自网络、数据、应用程序和基础设施的遥测、分析和评估将反馈到策略优化和威胁防护系统中。

5.2　实施方式和目标

企业在构建零信任架构时必须考虑传统非网络应用，不能等到以后再解决。这可能包括选择一个支持所有端口或协议的零信任架构（ZTA）供应商，或者采用其他中介技术，如虚拟桌面接口（VDI）或与 ZTA 结合使用的虚拟化应用程序，或者计划重写应用程序以支持现代技术。同时，还需要考虑基于云和硬件设备或混合模式之间的需求和差异。

ZTA 的基础是身份验证，这意味着在进行基础设施改造时可以采取迭代方法。许多客户首先尝试 ZTA，将远程用户与虚拟专用网（VPN）结合使用，然后在用户迁移后关闭 VPN 服务。

在分割数据中心网络时，可以采用类似的方法，特别是当使用基于代理的实现方式时。如果使用 devsecops 框架完成部署，与云迁移同时进行的零信任访问（ZTA）项目将取得特别好的效果。

以下是基于安全价值和实施难度的零信任实施一般攻略（根据我的经验提供的建议）。根据可用资源和环境的不同，可以按顺序或并行进行。

1. 保护用户

- 端点检测和响应（EDR）：用于检测和保持端点的一致性，并向身份提供商（IDO）和策略执行点（PEP）报告当前的安全态势。

- 安全网络网关（SWG）：能够预防和检测网络威胁的设备。

- IDP 现代化和减少密码：通过现代化的身份验证方式来减少密码的使用。

- 日志和警报现代化或合并：对日志和警报系统进行现代化或合并，以提高安全性和效率。

2. 保护应用程序

- 对应用程序的访问进行分段或隐藏无权访问的应用程序，以减少潜在的攻击面。

- 停用虚拟私人网络（VPN）以减少潜在的攻击面。

3. 保护数据

- 数据泄露防护（DLP）：用于检测和防止数据外泄。

- 云访问安全代理（CASB）：用于检测和防止云端数据外泄的安全代理。

- 隔离浏览器访问：防止敏感数据外泄的措施，通过隔离浏览器的访问，确保数据的安全性。

4. 欺骗和威胁检测

- 漏洞蜜罐和诱饵的检测：通过设置虚假的漏洞蜜罐和诱饵系统来吸引攻击者，

以便检测并对其进行响应，增强系统的安全性。

5. 划分数据中心

● 服务的微分段：将不同的服务进行细分和隔离，以减少入侵的影响范围，并提供更好的安全防护。

5.3 云在多云和混合环境中的零信任

在多云环境中，使用本地云工具进行零信任开发可能成为一项昂贵的提议，因为不同云平台的实践方式各有不同。为了实现标准化和简化，选择第三方产品来执行零信任访问（主要是 PEP 或网关功能）可以创建一个覆盖架构，以连接不同的云环境。

由于很少有企业仅仅使用基于网络的应用程序，因此零信任架构设计必须支持传统或非网络应用程序。

对许多人来说，实施零信任是提高业务敏捷性和灵活性的一个推动因素。在公共云环境中安装传统的网络边界安全模型既复杂又昂贵，因此很多企业仍然在内部数据中心处理云入口和出口的流量。

实施了零信任架构（zero trust architecture）后，传统的安全堆栈将不再需要，因此可以退役这些数据中心，从而大大降低对技术硬件的投资。让我们来看一个案例，该客户利用微软和 Zscaler 技术在混合环境中成功实施了零信任策略。

客户案例研究：混合环境中的零信任

5.3.1.1 关于本组织

我们是一家全球性的工程和建筑公司，致力于为客户提供标志性的项目。我们的客户遍布全球各个市场和地区，我们利用世界一流的专业技术来应对客户所面临的最大挑战，旨在建立一个更美好的世界。

5.3.1.2 当前的挑战

- 用户性能——作为一家全球性的公司，我们面临着采用云技术的困难。因为所有的网络流量需要返程到我们中央化的数据中心进行检查，这导致了延迟，使得与偏远地区的本地合作伙伴进行协作变得非常困难。为了实现使用云技术的愿望，本地互联网技术突破成为了我们组织的关键。而基于云的 ZTA 平台为安全提供了这种能力，这显得尤为重要。

- 移动性和用户体验——在移动设备上使用的诸如 Facebook、Netflix 和亚马逊等消费者应用程序，能够提供安全、回复及时、无摩擦的用户体验。我们一直希望为用户提供与企业应用相同的体验，但随着安全形势的变化，这变得越来越困难。为了持续提供相同的体验，我们需要了解更多用户和设备的详细信息，并对访问进行持续验证。借助 ZTA 和现代身份供应商的合作，在整个应用程序使用过程中，我们能够提供传统访问和身份验证方法无法提供的上下文信息。

- 组织的敏捷性——信息技术（IT）组织的资本支出（capex）非常庞大，这意味着在经济困难时期，无法根据公司需求灵活调整 IT 预算，而又不影响服务。而采用"现收现付"的云计算服务，有助于构建一个灵活的组织。我们可以根据需要调整服务规模，而不影响运营。实践证明，试图复制传统网络边界架构来支持纯云组织的做法过于复杂且成本高昂。对云计算的完全拒绝是不现实的，为了向前迈进，我们必须将安全策略转变为零信任策略。

- 技术解决方案——整个解决方案的永恒主题是"永远在线"，它涵盖了访问、安全和教育。

- Zscale

Zscaler 互联网接入提供了直接访问互联网的安全性。无论用户是在办公室还是在咖啡厅，都能拥有相同的安全保护，而无需进行选择性关闭。它还提供了安全传输 SaaS 应用程序的端口，并拥有数据丢失防护（DLP）和云应用安全代理（CASB）功能。

Zscaler 私有访问（ZPA）提供始终在线、情景化访问企业应用程序的能力。通过将应用程序访问从网络中抽象出来，我们能够将应用程序的可见性限制在有权使用应用程序的人员范围内，并在端点遭受威胁时减少横向移动和恶意软件感染的范围。通过态势控制，我们可以在允许访问应用程序之前确保机器未被入侵。ZPA 还是我们考虑关闭数据中心、将应用程序放置在任何云中的关键组成部分。

- **Microsoft Azure Active Directory**

Azure AD 是我们与 Zscaler 合作的身份提供商，通过使用条件访问和无密码技术，为用户提供安全、无摩擦和即时的访问。我们的用户只需通过查看公司管理设备上的摄像头，就能完全访问他们的应用程序。

- **Azure 和 Office 365**

Office 365 和 Azure 已成为我们应用程序的首选环境，其中 Office 365 用于协作型应用程序，Azure 则用于托管 IaaS 和开发 PaaS 应用程序。通过与 Zscaler 的结合，我们不再局限于集中式数据中心托管应用程序，而是可以通过自动化在几分钟内建立新的云托管位置。

在政策变更和用户教育方面，过去，IT 安全团队试图在后台默默保护企业安全，但新技术让我们能够改变策略。我们现在开始主动警告用户，当检测到潜在风险活动时，比如访问未分类的 Zscaler 网站或新创建的网站，或者下载可能不安全的文件。我们还开始试行只允许受管设备访问一些敏感应用程序，并采用情景化的访问策略来取代十年前的"自带设备（BYOD）"。

5.3.1.3　在实施新的零信任架构时面临的三个主要挑战

1. 转变思维模式

从捕获和储存每一份数据包的集中式模式，转变到分散式的零信任架构，最初引发了许多人的抵触情绪。然而，通过大量的宣传教育和实证测试之后，IT 安全团队对这个平台产生了极高的满意度。对于用户来说，他们并未遇到任何挑战，因为新的访问方式比原先更加迅速且简洁。

2．资源

由于零信任架构（ZTA）以身份为基础，因此，我们可以在不干扰当前应用程序访问的前提下进行多次转型。转型的速度与投入项目的资源量有着直接的关联。对于许多人来说（包括我们自己），这将是一段历时多年的过程。鉴于我们所拥有的资源有限，我们必须在改变的需求与当前运营之间取得平衡，这将需要数年才能完全实现。

3．采取混合方法

在实施零信任架构（ZTA）的同时保留旧的政策和安全操作习惯，可能会让人感到比较省心。但通常情况下，试图将新旧政策混合使用，往往会增加转型过程的复杂性，并可能削弱变革的实际效果。IT 和安全政策可能会成为实施 ZTA 的阻碍，因此，组织必须有权力对两者进行审查，并在适时对其进行适当的修改。

5.3.1.4　零信任项目产生的影响和取得的成效

- 提升业务敏捷性——这是一个宽泛的范畴，包括以下几点：
  - 实现安全的云使用，而无需复杂或昂贵的安全架构。
  - 在不牺牲安全的前提下，快速部署资源。
  - 通过去掉传统技术如安全堆栈、MPLS 和数据中心等，减少成本和资本支出。
  - 云+零信任架构（ZTA）极大地简化了 IT 基础设施，降低了管理成本。
- 可见性——在远程笔记本电脑用户上实施零信任项目是我们的第一步。实施完成后，我们对其应用程序流量的认知度甚至超过了对内部办公用户的理解程度。接下来的步骤自然是在办公场所实施零信任架构（ZTA）。
- 用户体验——ZTA 的实施改善了两类用户的体验：
  - 应用程序访问——零信任架构（ZTA）拥有强大的身份提供（IDP）功能，通过这一功能，我们能够利用生物识别技术进行身份验证，从而创造始终在线的情境化体验，确保只有经授权的用户才能看到相应的应用程序。

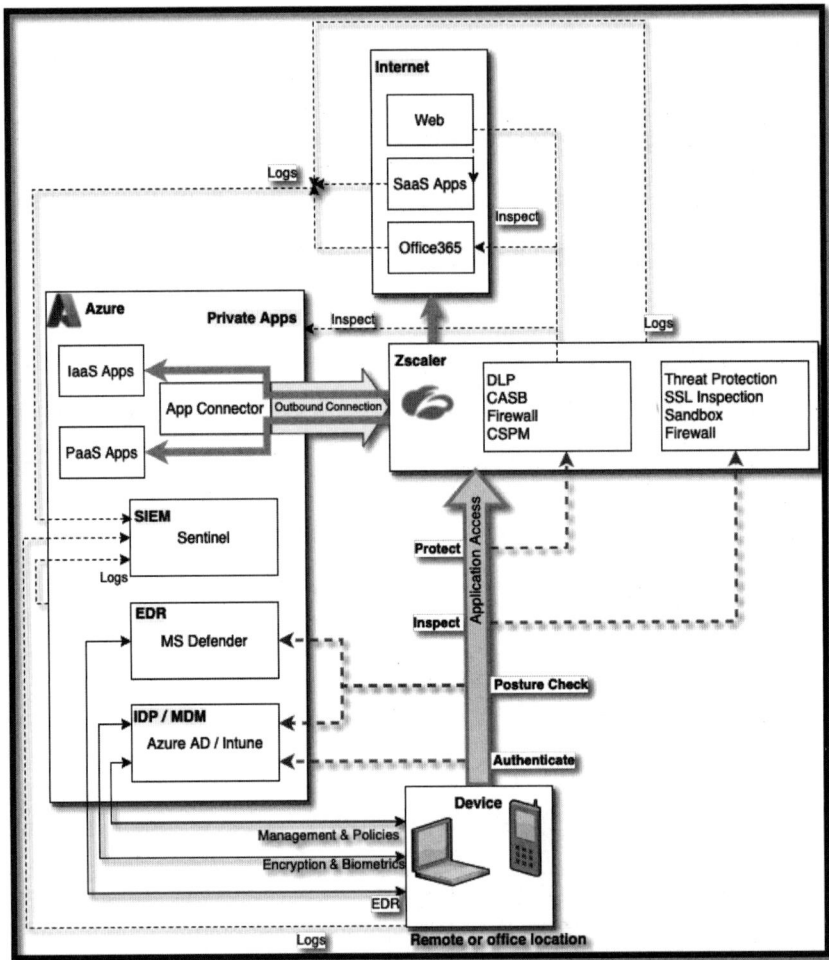

图 5.2　某建筑公司的高级应用访问架构

- 应用性能——随着云技术的快速发展，远程用户透过在零信任架构（ZTA）平台上的云端安全网关（SWG），享受到应用性能的提升，因而能释放更多的功能。

让我们深入了解一下这个架构。这个架构主要围绕 4 个主题展开：

1. 通过加密、端点检测和响应（EDR）以及生物识别技术，对设备进行管理和保护。非托管设备的访问将取决于数据的敏感程度。部分应用程序可能被允许，部分可能被禁止，还有一些可能通过隔离浏览器和虚拟桌面接口（VDI）等其他方式被允许。

2. 所有的应用程序都可以被访问，但必须满足以下条件：

    a. 访问应用程序前需要进行验证。

    b. 检查设备的状态，确保设备健康并符合要求后才允许进入。

    c. 进行检查以防止恶意软件的侵入。

    d. 防止数据泄露。

3. 通过云安全策略管理（CSPM）和数据防泄露（DLP）平台组件，检查公共云配置和软件即服务（SaaS）应用程序。

4. 所有的应用程序访问组件都会被记录下来，并被发送至集中的安全信息和事件管理部门进行监控。

5.4 安全接入服务边缘和零信任

安全始自网络。随着时间的推移，各种各样的工具在数据中心争夺一席之地，旨在赢得管理员的关注。当应用程序和数据仍旧存储在数据中心，用户在传统办公室内工作时，这些工具通常能发挥出良好的效果。它们中的一些甚至提供了相互间的通信机制。然而，随着用户从办公室搬出，数据和应用程序迁移到云端，这些传统工具却变得无所适从。他们都是基于一个总体前提运行的：应用程序、数据和用户都是静态的。由于这一前提已经不再成立，这些工具的适用性大大降低。他们无法进行有效协作，无法做到良好的扩展，缺乏统一管理，最关键的是，当数据在别人的基础设施上存储和处理时，这些工具无法履行其功能。

安全接入服务边缘（SASE），是由 Gartner 设计的架构：

2019 年推出的软件定义广域网（software-defined wide area network，简称 SD-WAN）展望能够解决由于工具和控制台过多所带来的局限性。SASE 将传统网络的常见功能[如软件定义广域网（SD-WAN）、广域网优化、服务质量（QoS）、路由、内容分发网络（CDN）等]与常见的安全功能[如安全网关（SWG）、云存储安全代理（CASB）、零信任架构（ZTA）、VPN、防火墙与即插即用的服务（FwaaS）以及远程浏览器隔离（RBI）等]整合至一个统一的、可管理的架构之中。

此架构能够对任何应用程序或服务进行访问控制，并监控所有用户和资源间敏感信息的动向。SASE 通过云来提供网络和安全功能，无论用户和应用程序位于何处，都能确保提供一致的用户体验。

优秀的 SASE 架构采用零信任原则。SASE 整合了所有的用户访问资源的方式，同时对评估信任度和授予访问权的方式保持中立。零信任原则坚决支持访问，并根据一系列条件对信任度进行监控，同时对任何所给的技术架构保持中立。SASE 和零信任联合起来，代表了企业保护数字资产方式的根本转变。

SASE 可以作为制订有效的零信任计划的合理基础，该计划涵盖完全混合的环境，其中用户、应用程序和数据可以在任何地方使用。

在更高的层次上，根据供应商的能力，采用零信任原则的 SASE 架构的公司可以实现以下的目标：

- 深度理解用户风险和应用风险，以便确定在不同情景下授予访问权限的可信度，并根据这种可信度对访问权限进行调整。
- 根据风险洞察，采用自我调整策略和态势，将零信任原则从专有应用程序扩展到网络和软件即服务（SaaS）应用程序。
- 在应用程序中实施风险洞察，控制特定活动的访问权限（例如，在低信任情况下允许查阅和评论，但禁止分享和删除）。
- 根据评估的风险或信任等级，激活远程浏览器隔离以及高级数据丢失防护等额外的安全服务。
- 持续关注需要重新评价信任度的环境变化（如重新认证、增强认证、权限更改及增加或减少访问权限）。
- 通过消除面向公共互联网的协议和服务，减少整体的攻击面。

我们应警惕那些将传统技术拼接起来，并称其为 SASE 的供应商。他们只是将防火墙、SD-WAN 和 VPN 合并在一起，并不能完全满足 SASE 的定义。

⊙ 5.4.1 安全接入服务边缘架构概述

SASE 是一种灵活的安全架构，其核心目标是实现从任何地方安全地访问资源。

目前，企业的首要任务是让员工能够在任何地方安全地工作，并访问他们所需的任何资源，无论这些资源跨多个云部署还是内部部署（见图 5.3）。

SASE 成果与其推动因素：SASE 方法的关键成果主要体现在优秀的用户体验和强大的安全保护方面：

- 用户体验——SASE 了解到，在这个"慢就是新的崩溃"的时代，用户体验和性能显得至关重要。

- 安全性——SASE 也遵循零信任原则。在设计安全策略时，必须假设存在潜在风险（任何事物都可能被泄露），并需要进行明确的信任验证。通过基于风险的自适应策略。及时且适量的访问，实现最小权限原则。

要实现这些目标，SASE 方法需要关键的驱动因素，包括：

- 全球规模和可用性——保障授权应用程序的反应敏捷性，为用户提供良好的性能。

- 明确量化用户和设备的安全保证：

  - 身份——需要强大的身份验证，避免账户被泄露等问题。

  - 设备——配置需符合要求，没有受到恶意软件的感染等。

- 威胁情报——利用最新的背景信息（源自大量且高度多样化的数据集）为这些安全决策提供依据。这有助于快速过滤已知威胁，并准确评估风险（避免因为假阳性和假阴性造成的业务风险或影响业务效率）。

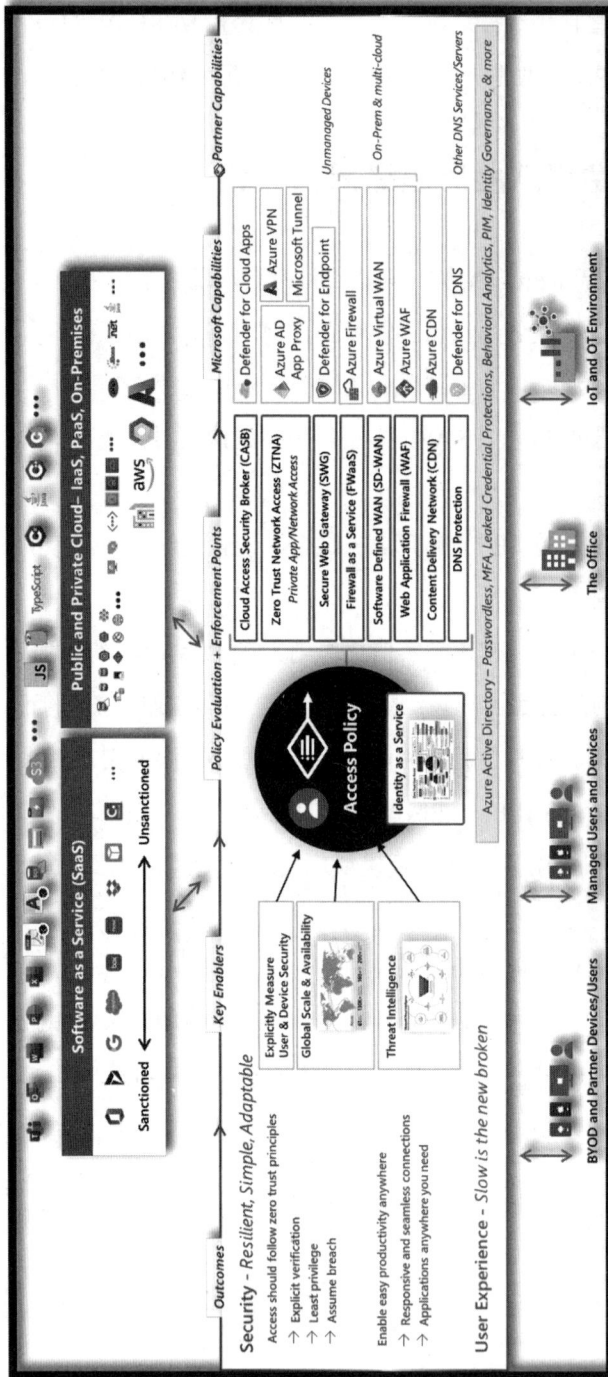

图 5.3　SASE 架构的微软视图

5.4.1.1 政策评估和执行关键点

要实现 SASE，必须利用这些推动因素，在构成现代数字资产"边缘"的各种设备和服务间做出和执行访问决策。

组织的访问政策会考虑这些信号，并决定是否批准、拒绝、监控或限制对资源的访问请求。

政策执行点应运用这些访问决策，以确保在软件即服务（SaaS）应用程序、云基础设施、云平台以及内部部署资源中实现策略的一致性。

5.4.1.2 微软为实现 SASE 提供的功能

微软意识到，现阶段并不存在任何一家供应商拥有 SASE 解决方案需要的全部功能。微软始终致力于通过整合原生云计算以及当地云计算，为您提供完整的 SASE 方法，并与我们的微软智能安全协会（MISA）的合作伙伴紧密配合。

如今，您可以利用微软的功能实现 SASE 概念的大部分内容：

- 服务即身份：Azure active directory（Azure AD）为您所有的云端和内部部署资源提供身份和访问控制。其综合的安全性可以为任何平台或云的员工、合作伙伴[企业对企业（B2B）]、客户、消费者和公民[企业对消费者（B2C)]提供强大的保护，包括：
  - 通过 Hello for Business 生物识别身份验证、Authenticator 应用程序（可以在任何现代手机上使用）和 FIDO2 密钥，简化用户体验并增强安全性。
  - 身份保护：通过泄露凭证保护、行为分析、威胁情报集成等功能，抵抗频繁发生的攻击。
  - Azure AD PIM 通过使用审批工作流提供对隐私账户的及时访问，从而降低风险。
  - 身份管理有助于保证正确的人获得正确的资源。
  - Azure AD B2B 和 B2C 为合作伙伴和客户提供安全性，同时将他们的账户与公司用户目录分开。

- CASB：microsoft defender for cloud apps（MDCA）提供 CASB 功能，为 SaaS 应用程序提供 XDR，并为这些 SaaS 应用程序及其数据提供管理、威胁防护、数据保护等功能。MDCA 与 Microsoft 产品组合中的其他功能集成，将他们扩展到 SaaS 应用程序，进一步简化管理和提高网络安全性。

- 零信任网络访问（ZTNA）：为从公共网络访问的设备提供专有的应用程序和网络访问。

- Azure AD 应用代理将现代访问控制方法（安全边界）扩展到公司内部的资源，简化了用户对资源的访问，并通过条件访问（明确验证用户和设备的信任，即零信任原则）实现了现代化的安全性。

- Azure VPN 可为您的资源提供站点到站点和点到点的 VPN 访问，而这些资源尚未通过 Azure AD 应用代理提供。Azure AD 也可以为 Azure AD 和任何现有 VPN 提供增强的安全性。

- Microsoft Intune 的 Microsoft Tunnel 为移动设备体验提供 VPN 功能。

- SWG：microsoft defender for endpoint（MDE）为受网络管理的设备提供网页内容过滤功能，这是端点安全功能的一部分。

微软还与我们的 MISA 合作伙伴配合，为网络流量拦截的受管设备和未经管理的设备提供全方位的 SWG 功能。

- 防火墙即服务：Azure 防火墙提供基于云的托管网络安全服务，有助于保护通过 Azure 网络访问的资源（包括 TLS 检查、IDPS、URL 过滤和网络类别分类）。Microsoft 与合作伙伴集成，为通过内部部署和第三方云网络访问的资源提供此功能。

- Web 应用程序防火墙（WAF）：Azure WAF 为 Web 应用程序提供集中保护，使其免受 Azure 网络访问的常见漏洞攻击。Microsoft 与通过内部部署和第三方云网络访问的资源提供此功能的合作伙伴进行了集成。

- SD-WAN：Azure Virtual WAN 是一种网络服务，将很多网络、安全和路由功能整合在一起，提供单一的操作界面。全球 Azure 区域均可使用，并与许多合作伙伴的产品进行了集成。

- CDN：Azure CDN 为企业提供一个全球化解决方案，通过在全球各地战略性放置物理节点缓存内容，快速向用户提供高带宽内容。

- DNS 保护：Microsoft Defender for DNS 可保护使用 Azure DNS 名称解析功能的资源。我们的合作伙伴提供的解决方案，可为其他名称解析功能提供额外保护。

⊙ 5.4.2 客户案例研究：安全接入服务边缘的实现

关于该组织：本组织是一家全球性金融科技公司，提供支付服务、商户平台以及金融服务等多项功能。该公司目前有约一千名员工在职。

5.4.2.1 当前状况与挑战

- 用户行为与责任感：公司正在努力让员工摆脱"初创企业"的心态，逐渐形成"全球型企业"的思维。而这就意味着，公司在运作中更需要考虑全方位问题，特别是对于安全问题的关注亦需提高。

- 董事会与高级管理层的支持：过去，我们的安全功能很少得到董事会的支持。然而，这个状况在一名来自另一家公司的董事会成员遭受威胁后有所改变。

- 传统系统的问题：我们正在尝试将其融入零信任架构（ZTA）中，例如取消设置知识产权（IP）白名单等措施。

- 用户教育：这是我们目前面临的一项关键挑战。用户往往不自觉地进行一些"错误的"行为。但通过解释，我们发现大多数用户可以很快理解并试图改正他们的行为，或是主动与安全团队合作寻找更安全的操作方式。

5.4.2.2　克服挑战所采用的技术解决方案

● Netskope：公司正在逐步取消 IP 白名单办公室 IP 和陈旧的 VPN，确保所有可能的系统、SaaS、IaaS 等均通过 Netskope 平台以某种方式进行访问。Netskope 平台在此过程中起到了关键性的作用。在处理 IP 白名单时，我们将发布者的外部 IP 纳入白名单，以确保访问得到适当的控制。

● 下一代防病毒软件（NextGen AV）：公司确保在每个虚拟机或主机，以及每一台设备上都部署这一系统，以增加一个可视化和保护层。

● 云访问安全代理（CASB）：最初，公司使用的并非 Netskope（原来用的平台随后被淘汰，现在我们正在使用 Netskope）。公司实施了一款专属的 CASB，用于监控 SaaS 应用程序，从而使公司能更好地了解员工的行为，并帮忙指导员工对工作的理解。自那以后，我们开始制定政策，以遏制某些行为的出现。

● 多云：公司使用 Microsoft Azure 和 AWS 来提供 IaaS 和 SaaS 服务（如图 5.4）。

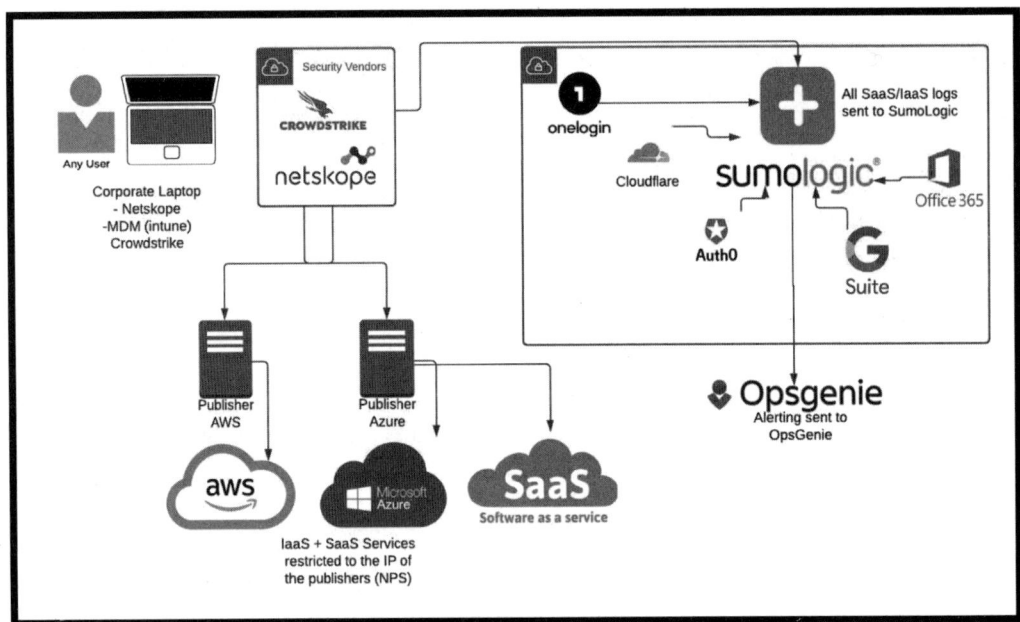

图 5.4　高级实施概述

5.4.2.3 产生的影响和取得的成果

- 可视性——公司对环境或用户活动的了解大有提高。一旦我们能看清楚数据流和用户行为，便能通过相应的培训、制定政策和发布通知来提供帮助。

- 数据丢失防护（DLP）——公司能够持续、不间断地防止潜在的数据丢失。

- 正常运行时间——提高的可视性也有助于保持更长的设备正常运行时间。

5.5 身份组件

身份服务提供商（IDSP）可以说是零信任架构（ZTA）环境中最为关键的组成部分，它必须能够满足企业的需求。它向 ZTA 平台提供的上下文信息将有利于做出有智慧的访问决策。身份服务提供商现正迅速发展并走向成熟，与机器学习（ML）相结合后，它将成为确保企业安全的强大工具。

当我们讨论上下文时，我们参考的是吉布斯的 5W1H 方法，即 Who（谁）、What（什么）、When（什么时候）、Where（在哪里）、Why（为什么）和 How（怎么做）。例如：

- Who（谁）——用户或服务的身份标识。

- What（什么）——来自何种设备（如公司设备、个人设备、移动设备、CASB）。这与以往的登录行为以及与"谁"有关的历史记录有关，它是否来自一个健康的端点？

- When（什么时候）——不仅仅根据一天中的时间来控制，还根据机器学习对数据访问时间的异常控制。

- Where（在哪里）——地理围栏或网络边界选择，此外，位置或网络是否与预期的不同或不符合特性？

- Why（为什么）——数据访问类型是否异常？这种情况之前是否发生过（例如，财务部门 vs 工程部门 vs 人力资源部门）？

- How（怎么做）——用户或服务如何证明其身份？仅仅是用户名和密码吗？还是缓存的证明？是否涉及到多因素身份验证（MFA）？生物辨识？这会影响决定，如果需要，可能会加强认证。

任何一个组织都有许多的用户，而且没有一个用户是完全相同的。他们都需要能够访问到特定级别的资源，因此，对这些资源必须适度地施加控制。

在身份不再需要时，也必须遵循完整的身份生命周期管理，从预先设想、管理和治理，到最后的取消供应。由于缺乏适当的流程，取消身份供应经常成为许多组织管理失败的一个环节。

一个完整的零信任架构（ZTA）实施系统会自动从企业的身份和访问管理（IAM）以及人力资源系统中获取用户的角色和属性信息，从而自动确定用户的权限。当用户离开或更换角色时，他们的权限会自动被删除。临时的权限申请是必要的，但应尽量减少，并且需要采取更为严格的认证流程。

防止信息泄露和数据损坏是良好的身份治理和访问管理计划的主要成果。如果正确的用户能在正确的时间访问正确的信息，那么会降低影响公司运营和客户的合规性及数据损坏风险。身份治理和访问管理程序则需要能够解决以下一些问题：

- 访问管理
  - 用户配置文件映射和访问控制模型。
  - 预留、取消预留和转移。
- 证书评估
  - 认证和授权。
  - 单点登录和多因素身份验证（MFA）。
  - 权限访问。
- 管理
  - 准入管理。
  - 申请和审批程序。
  - 对账和差错处理。

⊙ 5.5.1　身份架构概括

在上一章节，我们已经对身份架构的实施情况做了概述。在这一节中，我们将详细介绍一家在身份保护领域拥有最新技术的企业——Silverfort（www.silverfort.com）。

Silverfort 能够在所有敏感的企业资产和云资产上（包括一些至今仍未获得保护的系统）启动多因素身份验证（MFA）、基于风险的身份验证（RBA）和零信任策略，而且实现这一切并不需要任何代理、SDK 或代码的修改。

此外，Silverfort 还将保护范围扩大到那些当前允许攻击者绕过所有其他 MFA 解决方案的接口和访问工具（例如 Remote PowerShell、PsExec 等）。

我们接下来看一看，Silverfort 是如何与 Microsoft Azure AD 进行集成的。

5.5.1.1　Silverfort 与 Azure AD 集成的零信任身份解决方案

Silverfort 与 Azure AD 的集成使得 Azure AD 能够将其风险分析和安全访问控制扩展到混合环境中的任意资源，从而在整个身份控制平面上提供完整的零信任实施策略。

Azure AD 为现代网络和云应用程序提供了同行中最好的安全访问控制模式。然而，一些核心的企业资源由于没有原生支持 Azure AD 以及与其配合使用的身份验证协议，导致很多这样的资源不在其保护范围内。显著的例子包括传统应用程序、工作站和服务器以及 IT 基础架构等。此外，可能还有其他云 IDP 也在大型环境中管理部分的企业云和 Web 应用程序。

这意味着 Azure AD 在实施"统一"的支柱时面临着重大的挑战，因为有些资源并不在其设计范围内。这是集成 Silverfort 的作用所在。

Silverfort 作为首个统一身份保护平台的先驱，可以通过与给定环境中任何类型的目录集成，执行前文所讨论的零信任流程，从而提供零信任身份验证。Silverfort 在保护所有原生不支持 Azure AD 的资源方面具有独特的优势。此外，Silverfort 还让 Azure AD 能够将这些资源视为云应用程序纳入身份保护，从而进行管理。这样，Azure AD 就可以保护所有在环境中的资源。图 5.1 为我们展示了这种整合的高层次视角。

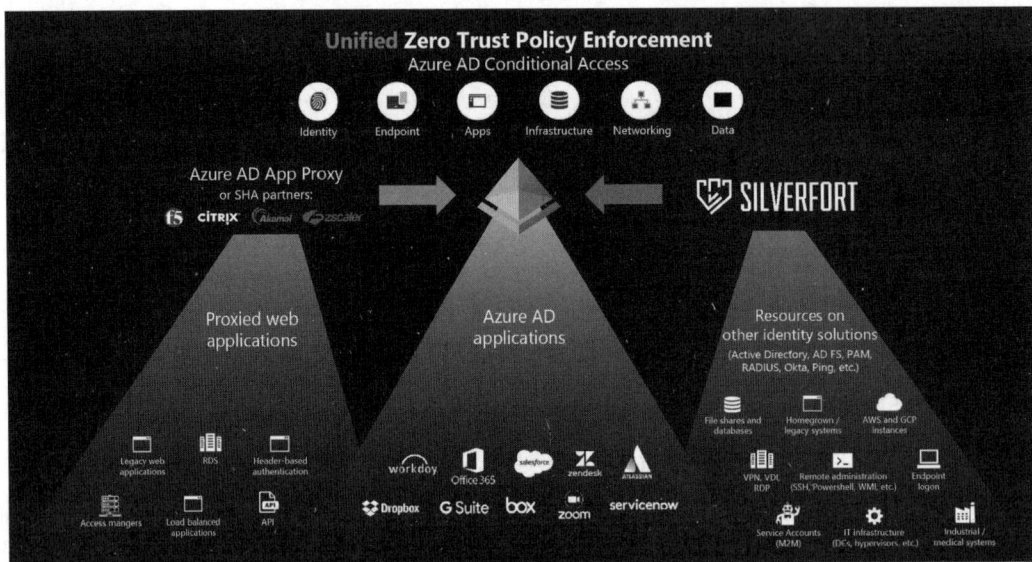

图 5.5　Silverfort 和 Azure AD 的零信任集成

我们接下来详细讲解一下它是如何运作的。

5.5.1.2　联合

Silverfort 连接到环境中的所有非 Azure AD 的目录，这些目录可以是 Active Directory，联邦服务器或其他的云 IdP。连结完成后，所有的目录在收到访问请求后，会将它们转发给 Silverfort，在获取到 Silverfort 的决策后才会授予访问权限。现在让我们更深入地了解这其中的运作过程。

5.5.1.3　Silverfort 的桥接功能

Silverfort 开发出一种独特的功能，能够将非网络资源"桥接"到 Azure AD 中，为每个资源在 Azure AD 中创建一个应用程序对象。从此刻起，Azure AD 可以像处理标准应用程序一样对待这些资源。这意味着 Azure AD 团队现在可以将这些资源纳入 Azure AD 的单点登录系统，并在 Azure AD 中为这些资源配置访问政策，其中包括 Azure AD 的所有安全控制，如条件访问和多因素认证（MFA）。因此，Silverfort 使得 Azure AD 完全符合了统一基础设施的要求，因为它现在确实管理了企业混合环境中的所有资源。

我们必须理解，这个桥接功能是零信任集成的基础，也是途径，它将 Azure AD 的保护功能扩展到整个企业环境，实现了真正全面的零信任实施。

5.5.1.4　上下文

上下文支柱的实施是由 Silverfort 的桥接功能和 Azure AD 的风险引擎共同完成的。有了 Silverfort 的桥接功能，Azure AD 可以提高其风险分析的预见性，因为它所依赖的数据集不再仅限于云和 Web 应用程序，而是包括混合环境中所有用户、访问界面及资源的全部身份验证和访问尝试活动。

5.5.1.5　执行

执行支柱的实施由 Azure AD 和 Silverfort 共同完成。对于云和 Web 应用程序，这个流程是非常简单的，与以前一样，由 Azure AD 的策略来执行。对于桥接的资源，每个访问请求的流程如下：

- Azure AD 会评估是否是信任用户发出的请求，并根据相应的访问策略（由 Silverfort 的桥接功能有效配置）来批准或拒绝访问。
- Azure AD 会将其裁决发送给 Silverfort。
- Silverfort 会将 Azure AD 的裁决转发到相关目录。
- 目录会执行 Azure AD 对访问尝试的决定。

5.5.1.6　颗粒度

粒度支柱在 Azure AD 策略配置界面中得以实施。所有关于执行零信任流程的微调都是在配置访问策略时被确立和控制的（如图 5.6 所示）。

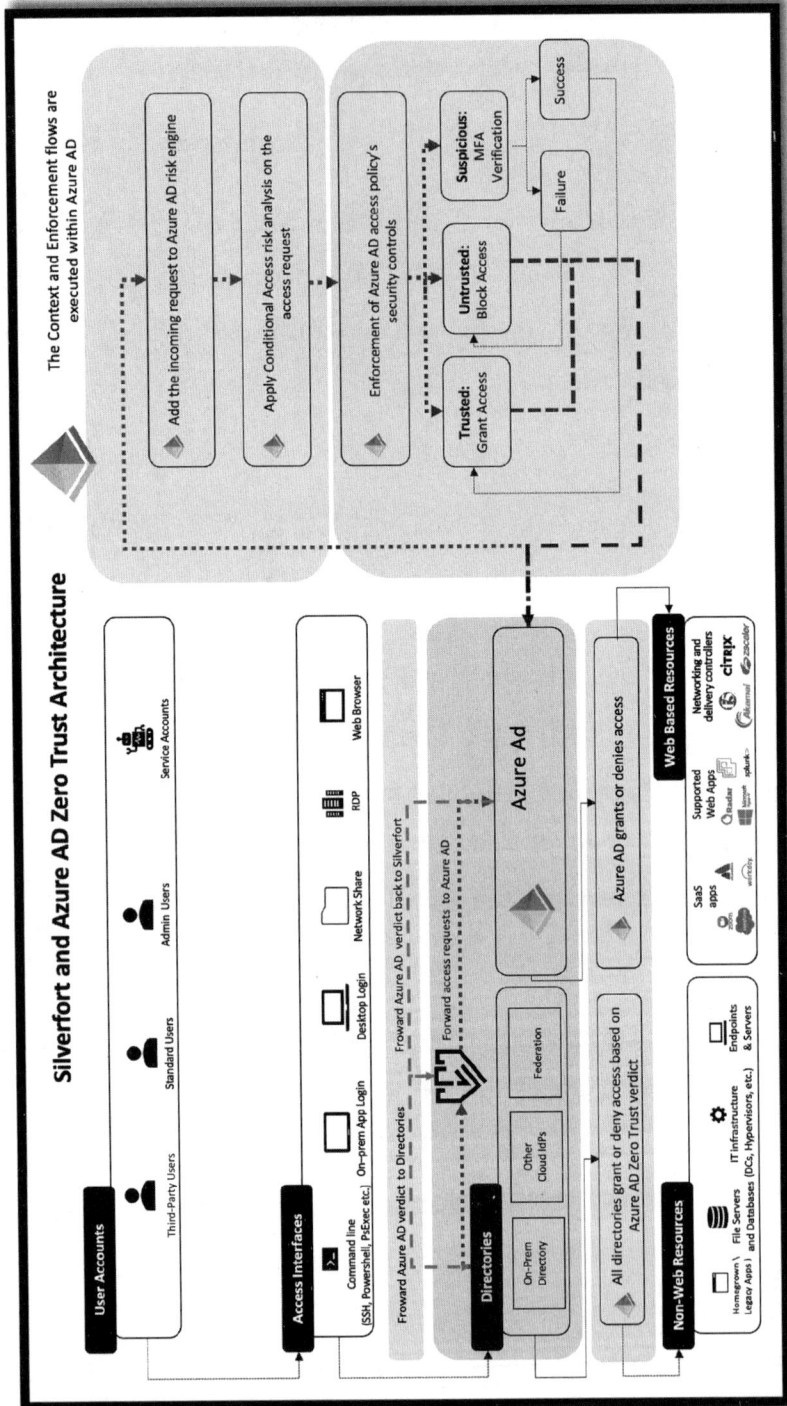

图 5.6 Silverfort 和 Azure Ad 的零信任架构

图 5.7 基于我们在先前章节中提供的标准架构图进行深入探讨了 Silverfort 和 AzureAD 的联合架构。

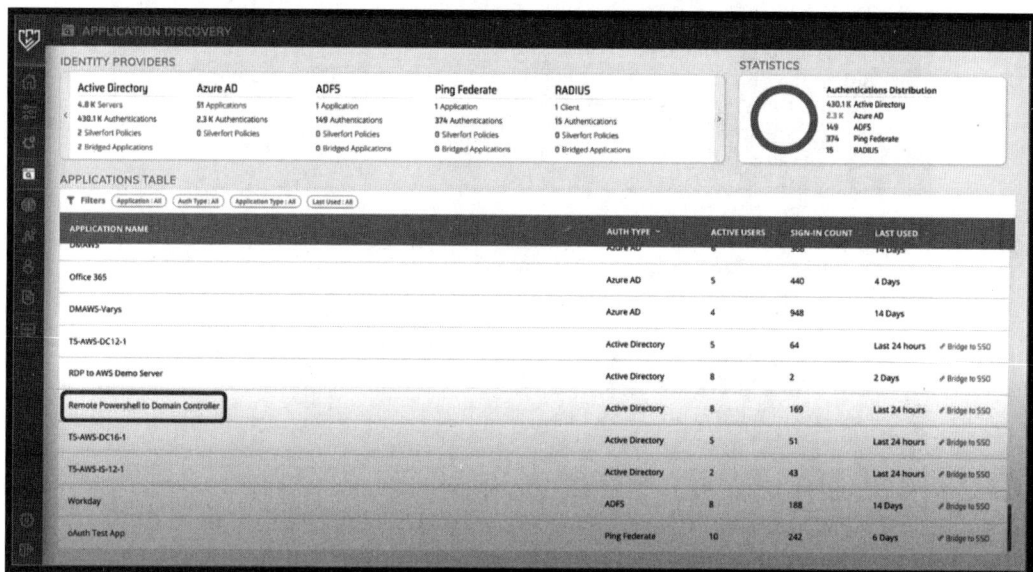

图 5.7　Silverfort 的"发现"页面

5.5.1.7　举例说明：保护 PowerShell 以防止访问域控制器

我们假设存在一个内部 DC，管理员可以借助 PowerShell 进行访问。在平常的情况中，Azure AD 对此资源毫无认识，更别提保护它了。然而，Silverfort（从 Active Directory 本身获取尝试访问此资源的信息）能探察到 DC 以及其访问方式（如图 5.7 所示）。因此，Silverfort 在 Azure AD 中创建了标记"PowerShell 到域控制器"的访问模式（如下图第五所示）请注意，Silverfort 的图标区分了"桥接"应用程序和本地应用程序（如图 5.8 所示）。对于 Azure AD（或者操作者来说），"PowerShell 到域控制器"就是一个应用程序，它会发送访问日志，可以通过 Azure AD SSO 进行访问，并且最重要的是，它受 Azure AD 的风险分析和安全访问控制的限制（如图 5.9 所示）。从那刻起，如果用户尝试通过 PowerShell 访问 DC，他们的体验将会如同访问在 Azure AD 管控下的应用程序一样（如图 5.10 所示）。当用户在 PowerShell 端口输入凭证后，Microsoft 的登录提示会被弹出，并在需要时接受进一步的 MFA 挑战。

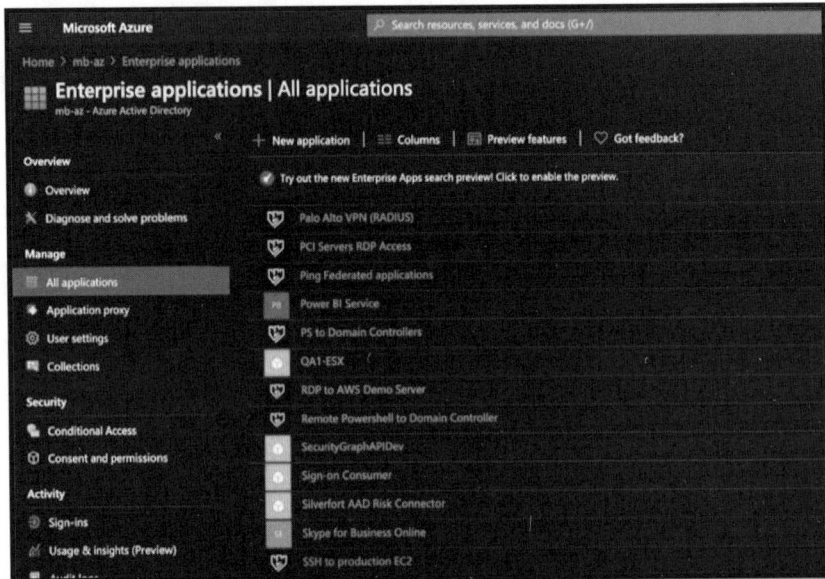

图 5.8　带有 Silverfort 桥接资源的 Azure AD

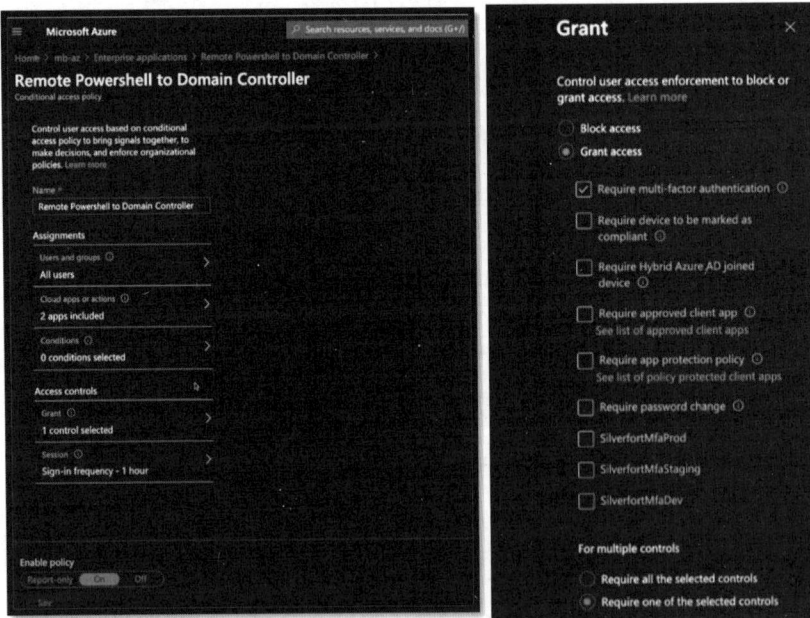

图 5.9　带有 Silverfort 桥接资源的 Azure AD

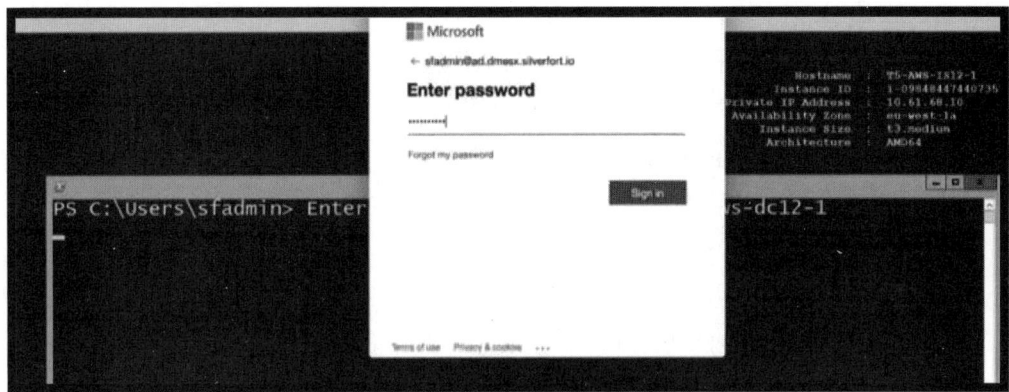

图 5.10　PowerShell 到 DC Microsoft 登录

5.5.2　客户案例学习：零信任统一身份管理

5.5.2.1　关于客户企业

这是一家财富排名 100 强企业，在全球拥有 100 000 名员工。

5.5.2.2　当前的挑战

主要的挑战显而易见——从实质性上提升企业环境对基于身份的攻击的防御能力，这其中包括依赖利用被破坏的凭证访问企业资源的攻击以及多数类型的横向移动。以下列出阻碍实现此目标的几个主要因素：

- 传统关键任务应用程序——这些应用程序构成了我们业务流程的核心，必须得到妥善保护以防受到攻击。然而，传统的代理型多因素身份验证（MFA）无法全面保护这些应用程序，也无法在 Azure AD 中进行本地管理。
- 服务账户——对这类账户的了解不够，更别提进行保护和防止被侵入了。
- 暴露的访问接口——远程 PowerShell、PSExec、远程注册表编辑器以及其他远程访问接口在环境中被广泛使用，在防止凭据泄露方面必须采取行动。
- 孤立的身份访问管理（IAM）——通过利用环境中其他 IAM 的数据，丰富 Azure AD 的条件访问功能以增强场景感和准确性。

- 权限访问管理（PAM）访问——设置多因素身份验证（MFA）以保护访问 PAM 组件，从而加强 PAM 解决方案的安全性。

5.5.2.3 克服现有挑战的技术方法

以下是我们首先拥有的身份基础设施和安全控制：

- 目录——Active Directory 和 Azure AD，以及 Active Directory 联盟服务（ADFS）是所有用户进行身份验证的工具。

- MFA——内部定制的 Microsoft (MSFT)验证器。

- PAM——Beyond Trust 用于提高特权账户的安全性。

为了在身份控制领域实现零信任，我们选择 Silverfort 作为主干，并以以下方式将其与我们的基础设施整合：

- 活动目录——Silverfort 连接到我们所有的域控制器（DC），对其管理的所有资源执行风险分析和 MFA 验证，包括服务器、工作站、应用服务器以及所有其他的非网络资源。

- Azure AD——Silverfort 与我们的 Azure AD 连接，因此可以全面了解所有 SaaS 和 web 基础的身份验证流量。

- ADFS——Silverfort 连接到我们的 ADFS 服务器，为我们所有的联合应用程序提供全面的可视性和访问控制。

- MFA——Silverfort 的解决方案与传统的定制 MSFT 验证器进行了集成，使其能够与 Azure MFA 一同使用（参见图 5.11）。

5.5.2.4 实施过程中面临的三大挑战

新的零信任架构：

- 从风险分析和情景背景角度来看，需要一段时间来为所有用户建立一套稳健的行为基准，以便可靠地分析哪些行为属于常态，哪些属于异常。

- 需要发现所有的敏感资源（如应用程序、服务器等），以及所有可能和应当访问这些资源的员工以及他们各自的权限等级。

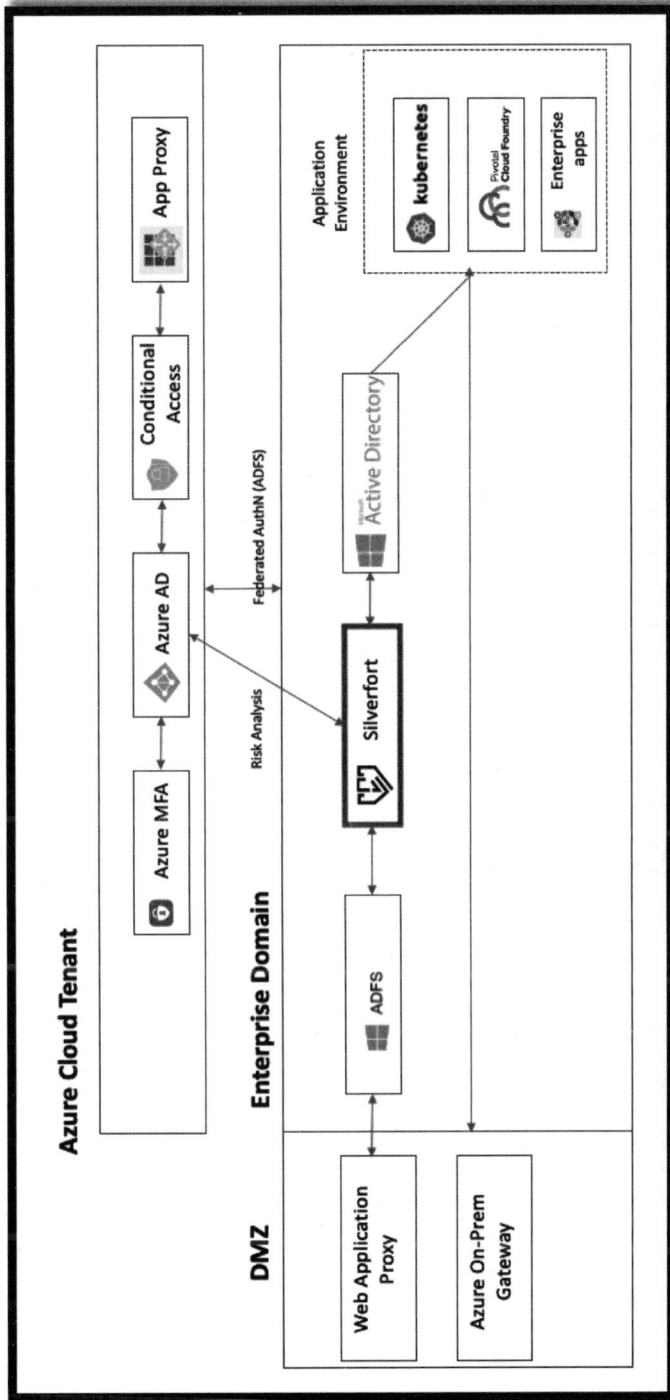

图 5.11 Azure AD 与 Silvert 解决方案中的身份安全集成

- 由于环境规模庞大，因此需要花费一些时间来找到最佳的访问策略组合，以提供零信任项目所设定的端对端保护。

5.5.2.5 实施"零信任架构"获得的好处

从高层面来看：

- 统一——现在我们可以通过一个统一的界面为所有的云资源和内部部署资源配置访问策略（自适应的和基于规则的）。
- 背景——我们可以获取所有的身份验证以及访问尝试的数据，用于分析并对所有用户和所有资源进行精准的风险分析。
- 强制执行——现在我们可以对所有用户和所有资源实施安全访问控制，包括多因素身份验证（MFA）以及访问阻止等。

以上列举的具体挑战，我们已经一一解决。传统的关键任务应用程序、服务帐户以及访问接口都已纳入零信任落地的访问策略之中。与环境中的目录进行整合，可以确保无任何盲点，所有的用户和资源都包含其中。

5.6 终端或设备组件

自从组织要求"仅能"使用公司管理的设备以来，时代已经发生了变化。如今，用户需要各种设备来完成工作，因此许多组织开始接受 BYOD。对于一部由公司管理的设备来说，拥有一个良好的资产清单至关重要，因为必须通过实施基于策略的控制来识别、隔离和保护所有设备。然而，公司除了提供的设备外，还必须提供对资源的安全访问。除了前面提到的 BYOD 外，企业越来越需要允许第三方访问，这反过来又会导致信任端点的访问增加。在制定零信任访问策略时，企业必须考虑到所有的节点（无论是受信任还是不受信任，或者说是受管理还是不受管理）。这并不是一个一刀切的政策，因此需要了解用户和业务背景。在某些情况下，非托管设备将获得与托管设备相同的应用程序（以及相应的数据）访问权限。在某些情况下，它们则不能；更多详情请参见风险评分部分。

终端或设备架构概述

在实施设备零信任时，我们建议您首先关注以下这些初步部署的目标：

● 设备需要在云身份提供商处进行注册。为了监测每个人使用的各个端点的安全性及风险，需要了解可能访问资源的所有设备和接入点。

● 只允许符合云管理合规性的设备和应用程序访问。设置合规性规则，确保设备在授予访问权限之前符合最低安全性要求。

同时，为不符合要求的设备制定补救规则，以便让相关人员知道如何解决问题。

● 针对自带设备和特定设备执行数据丢失防护（DLP）政策。控制用户访问数据后的操作。例如，限制将文件保存到不受信任的位置（如本地磁盘），或限制与消费者通信或聊天进行复制粘贴共享，以保护数据。

● 用端点威胁检测来监测设备风险。使用单一窗口以一致的方式管理所有端点，并使用 SIEM 来路由端点日志和事务，从而获得较少但可操作的警报。

● 根据企业和 BYOD 的设备风险进行访问控制。整合来自移动威胁防御（MTD）提供商的数据，作为设备合规性策略和设备有条件访问规则的信息来源。设备风险将直接影响该设备的最终用户可以访问哪些资源。

让我们通过两个例子来看看客户是如何实现"零信任"的。首先是将零信任环境与企业环境分开。这意味着要使用应用程序保护策略、端点 Defender、Intune、Azure Active Directory 和 Azure Identity Protection 等来保护云中的数据，但允许少量极度封锁的设备留在企业网络中。请参见图 5.12。 另一种方法是使用 ConfigMgr 云管理网关（CMG），为远程用户提供对内部资源的访问，而无需使用传统的 VPN。一些客户同时将新设备和移动用户直接添加到零信任环境中用这种方式使现有员工受益于零信任策略（图 5.13）。基于日志分析和 Microsoft Sentinel，他们可以更深入地了解内部部署和云活动，确保风险得到控制。不论您处于零信任云管理的哪个阶段——无论您是否还在考虑迁移到 Intune，还是已经开始使用协同管理，或者您已经完全使用云技术——都可以使用

Microsoft Endpoint Manager。它是您在整个技术资产中统一安全性、应用程序、访问、合规性和最终用户体验的真正枢纽。由于它可以利用微软强大的数据集，因此也非常智能，能够提供分析和信号，让您始终走在变化的前沿，以便无论未来发生什么变化，您都可以降低成本，保持组织平稳运行。我们相信，合作伙伴是成功的关键，而 Endpoint Manager 也是生态系统的集成点。

零信任设备架构还需考虑以下几点：

- 电子数据记录仪必须与 ZTA 紧密集成，以确保能迅速拒绝不兼容设备的访问。

- 在终端用户设备上必须进行管理，以获取最终的上下文信息，最好是通过与 IDP 紧密集成的云 MDM 解决方案。

- 当终端用户设备无法通过情境感知控制时，无论是因为被恶意软件侵入，还是使用非托管设备，都必须提供备选访问解决方案。通过隔离浏览器提供应用程序、通过 VDI 访问（只向设备发送像素）都是安全的备选方案。

- 让您的环境远离密码，转向 FIDO2.0 身份验证设备和工作流程。拥有内置 FIDO2.0 功能的受管理设备和操作系统的用户可以完全不依赖密码。对于没有受管理设备的用户，则应转向无密码、多因素身份验证设备，如智能手机验证器应用程序或受生物识别技术保护的物理令牌。

- 设备的日志应尽可能地转发到 SIEM 上进行收集和警告。

- 对于可疑或受损设备，应考虑使用带外数字取证和事件响应（DFIR）功能。

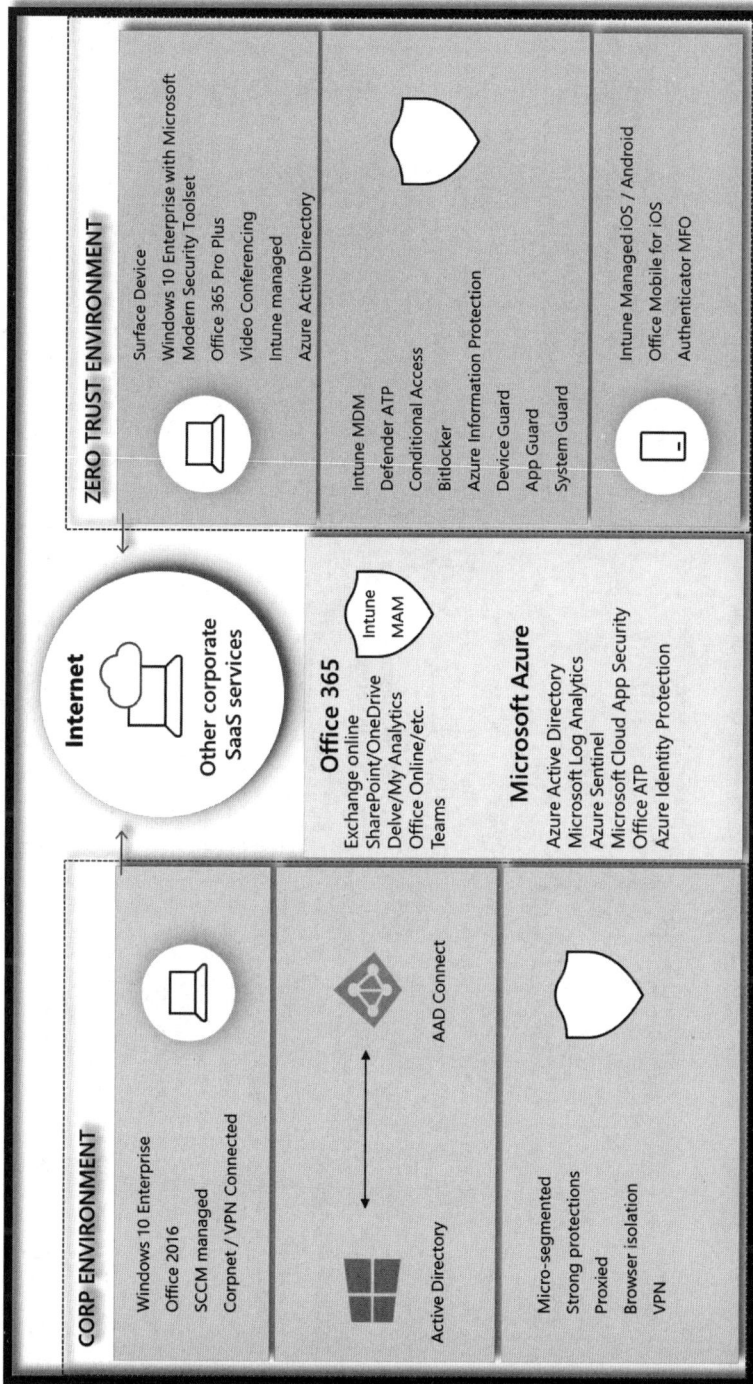

图 5.12 混合终端零信任部署模式

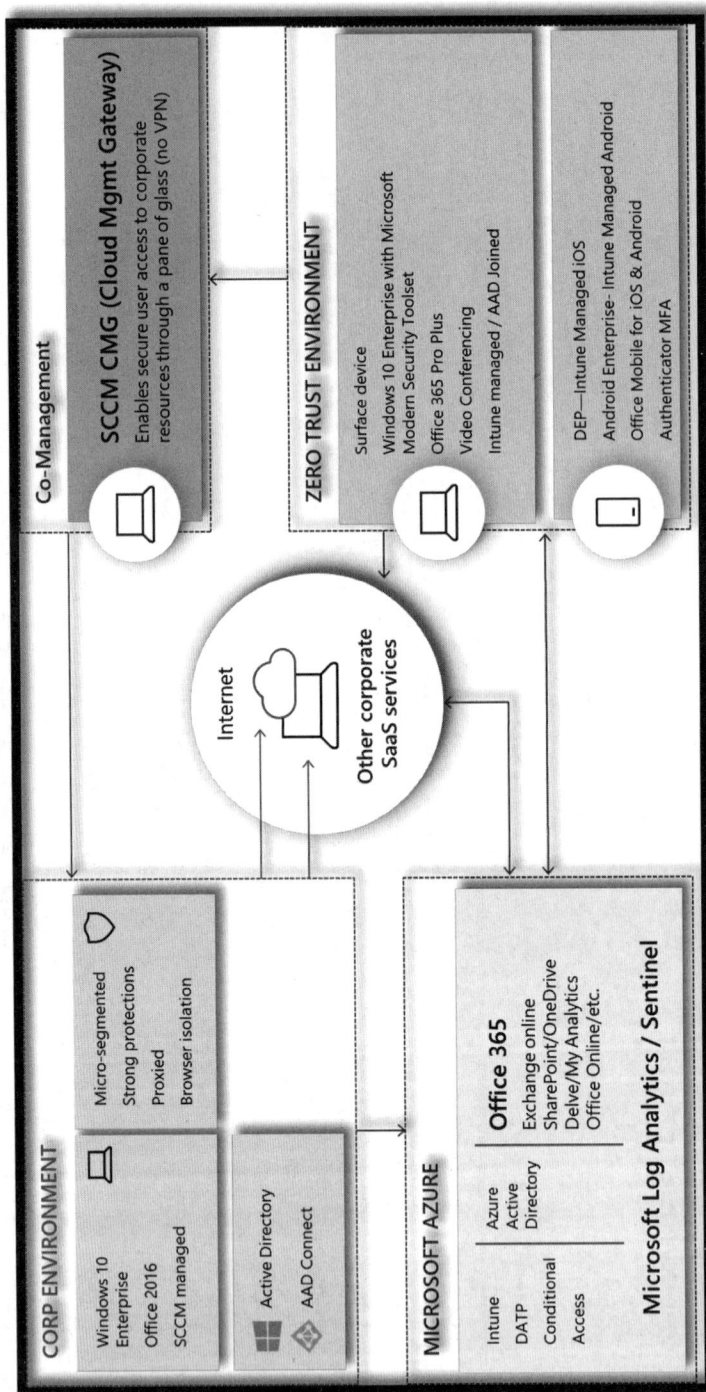

图 5.13　使用云管理网关的共同管理设备

客户案例研究：使用零信任管理的统一终端或设备

（1）关于本组织。

一家拥有多个办公地点的大型金融科技公司。

（2）当前的挑战。

● 最初，我们为开发者寻找一条出路，使他们能够摆脱公司网络的束缚，在指定的安全可访问环境中自由安装工具。

● 后来，我们的重心转移到对下一代标准运行环境（SOE）的思考上来，即那种并不依赖内部工具和服务的云原生环境，它可持续保持环境的绿色和最新。

● 无论用户在何处工作，都能享受到无缝衔接的用户体验，同时还能进行更细致入微的控制。

（3）克服挑战的技术解决方案。

原始的项目围绕着几家供应商的解决方案开展，其中微软是其中的关键一环：

● 设备已加入 Azure AD（并非预设加入），并通过 Intune 进行管理，执行多个关键策略作为基础合规标准的组成部分。

● Azure AD（AAD），以条件访问（CA）为核心，验证用户和设备的权限。

● Zscaler 私有访问基于用户为中心的策略提供对内部资源的粒度网络访问。ZPA 本身依赖于 AAD CA，以确保它只能由受信任的用户在符合合规要求的设备上访问。

● AAD 透传认证提供无缝的单点登录（SSO），当然也包括支持从未加入本机 AAD 的设备对内部应用程序进行 Kerberos 身份验证。

● 对于传统的标准运行环境（SOE），公司并未做简化处理，而是建立了一套从零开始的全新 SOE，其中仅包含基础的生产力软件、单一浏览器等，并实行了自动更新功能。

● 为了添加额外的安全层，所有使用 ZIA 安全离线代理、"Windows 信息保护"以及 Intune 采取强制执行策略的设备都需要分辨工作与其他服务和应用，以防在设备本地处理公司数据。

（4）实施新的零信任架构时面临的五大挑战。

● 理解访问需求，确保可以制定合适的细粒度访问政策。

● 确保内部系统走向现代化，剔除对 JAVA 和 FLASH 的依赖，因为公司决定在全新系统中不再支持这些应用程序。

● 说服大家相信，他们可以使用一种可能并非他们首选的浏览器。

● 寻找替代方案以取代那些传统上在企业网络内运行的功能（如代理、DLP、安全 DNS 等）。

（5）零信任架构的影响和效益。

公司决定使用零信任架构时，进展缓慢，质疑之声也不少，但持续时间不长。一旦消息传出，一批对不稳定且缓慢的 VPN 服务感到厌倦的人迅速加入了试点队伍，于是在我们的企业社交媒体平台上，涌现出一支弘扬这一解决方案好处的拥趸群体。从那时起，该运动引发了一股热潮，并产生了巨大的推动力和宣传效应，促使人们对改善所有故障（如与传统应用程序的兼容性问题等）的关注度提升至新的高度。在新冠疫情之前，公司已经设法制订出一套可行的解决方案，从而加快了该解决方案的采用速度。

家庭已经成为新的常态，他们必须将其调整为更为传统的 SOE，并采用原始解决方案的关键组件，如带有合规政策的 Windows 10 设备、AAD CA 和 ZPA。那时，大部分员工还在使用 Windows 7，而 VPN 解决方案在压力之下摇摇欲坠。为了获取这样的体验，公司员工排了几个小时的队将笔记本电脑升级到 Windows 10，而在短短几周内，就有近90%的员工升级为了 Windows 10。现在，公司期望未来人们重返办公室时，不再看到桌面上的蓝色网线，互联网将成为默认网络。

5.7 应用程序组件（现场、传统、云端、移动应用）

随着云和 SaaS 应用程序及服务的大幅增加，业务和运营模式也发生了相应的变革。安全的重要一环就是将对资源（此处指应用程序）的访问降到最低。零信任在这种情况下显得极其强大，因为用户无需再连接到网络，而是通过单独的隔离会话连接到特定的应用程序或服务。

所有组织都应在申请协议中明了以下说明：

- 应用的类型。

- 托管方式。

- 应用程序的保密性、完整性和可用性（这源于其访问、存储或处理的数据，或其所支持的业务流程）。

- 交易流程——上游和下游。

- 第三方的访问需求。

- 应用的风险评估结果。

当考虑新应用程序的时候，关注云领域的企业会按照以下顺序（在评估应用程序需求之后）来研究应用程序架构。下列顺序也代表了将零信任概念纳入所需的努力程度（从低到高）：

- SaaS 应用程序。

- 基于 PaaS 托管平台开发的应用程序（包括供应商提供的代码或容器）。

- IaaS 平台上托管的供应商提供的应用程序。

- IaaS 平台上托管的自主开发的应用程序。

请别忘了移动应用程序，你也许听说过移动应用程序管理（mobile application management），但零信任策略使得它在整体图景中变得更为重要。

接下来，让我们看几种零信任应用架构模式。

应用程序架构概述

应用程序访问的现代化对于提升用户体验和安全性至关重要。

- 云应用程序——大部分云原生应用程序能够通过条件访问（策略引擎）直接支持零信任访问控制。

- 现有应用程序——企业内部应用程序通常通过虚拟专用网络（VPN）进行访问，而这带来了诸多的安全风险，例如：

- 验证手段不足——许多 VPN 都被设置为仅使用密码或形式更弱的多因素认证（通常缺乏威胁情报的集成）。

- 攻击面扩大——大部分的 VPN 提供了对网络所有资源的全端口访问，实际上只需要访问一两个应用程序而已。

● 维护挑战——许多的 VPN 都是内部设备，必须进行打补丁和维护（以云服务而言，供应商会自动且迅速地进行维护）（图 5.14）。

为了降低这些风险，越来越多的组织开始采用超越 VPN 的方式去访问应用程序：

● 强化认证——从配置现有的 VPN 开始，使用现代的身份验证服务（以解决认证力度弱的问题）。

● 通过 Azure AD App Proxy 等云服务发布应用程序，以淡化对 VPN 的依赖（最终可以完全不使用 VPN）。

在此过程中，虚拟专用网仍保持可用，同时也可做为以下用途：

● 备选项——应用于尚未发布的应用程序。

● 了解应用程序使用情况——深入研究那些应用程序被使用得最频繁，以便优先发布这些应用程序。

对于应用程序的零信任保护，有几种可行的策略。我们已经了解了诸如 Microsoft Azure AD、Okta 或 Ping 等身份提供商作为单一登录实体。

为验证登录使用条件访问提供保护的优点。这些建议同样适用于连接云服务的云应用程序和本地应用程序。

保护云应用程序安全的下一个策略则是使用云应用程序安全代理，像 Microsoft CAS（cloud app security）、Netskope 或 Zscaler 这样的 CASB 解决方案（如图 5.15 所示）。

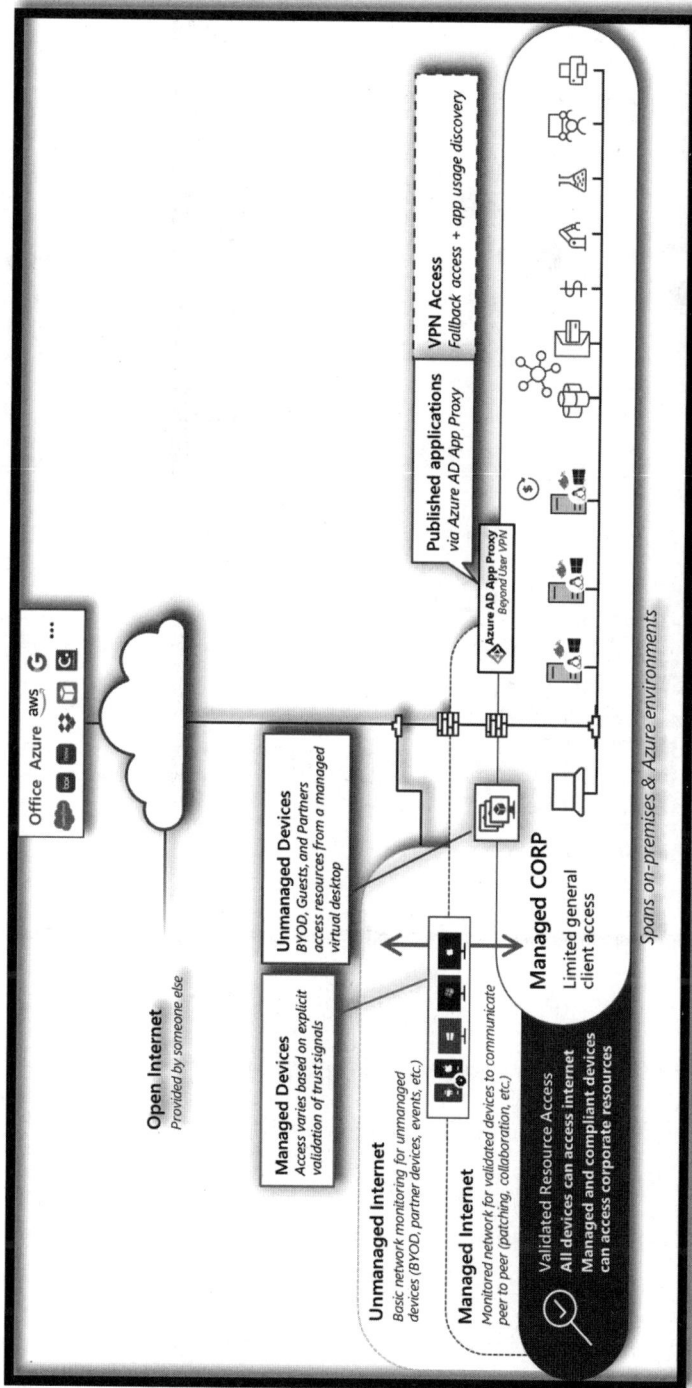

图 5.14　客户端零信任应用程序访问

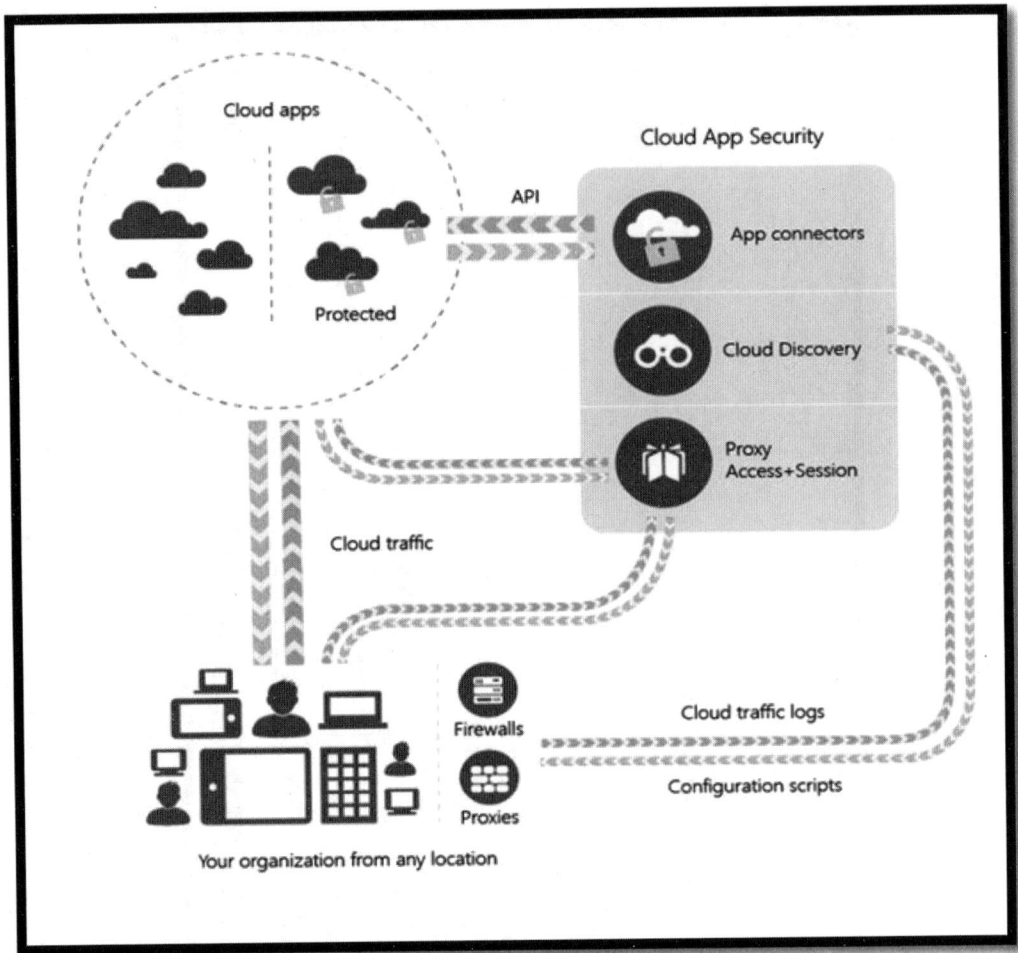

图 5.15　高级云应用程序安全架构

云应用程序安全能在以下领域为你们的组织提供帮助：

● 发现——利用流量日志找出并分析正在使用的云应用程序。可以手动或自动地上传防火墙和代理日志文件以供分析。

● 批准和拒绝——利用云应用程序目录批准或阻止组织中的应用程序。

● 应用程序连接器——通过使用各种云应用程序供应商提供的应用程序编程接口（API），将保护措施扩展到云应用程序安全范围。

- 代理应用程序——利用 SAML 将存在风险的会话重定向到反向代理，以便应用程序限制

- 防止数据丢失——防止数据从一个 SaaS 应用程序传输到另一个 SaaS 应用程序，以及在同一 SaaS 应用程序实例之间的数据传输导致数据泄漏。例如，防止用户将数据从一个 SaaS 应用程序的企业实例或授权实例传输到同一 SaaS 应用程序的个人实例或非授权实例。

5.8 数据组件

业务总是在不断进化，然而数据的生命周期却始终保持一致。数据是任何商业活动的灵魂，因此我们需要妥善对待它。

虽然许多企业选择避免对其数据进行分类，或认为此类工作充满挑战，但若要坚守"零信任"的首要原则——"了解业务背景"，我们必须完成以下步骤：

- 理解数据。

  - 发现数据（企业需要知道数据所在的位置）。

  - 分类数据（企业需要确定数据的相对价值，然后进行分析、诠释和整理）。

  - 将数据映射到保密性（基于敏感性）、完整性（基于重要性）和可用性（基于业务流程的关键性）。

  - 当保密性、完整性和可用性未知或不确定时，将这些类别指定为默认级别。有了这些细节，就可以及时应用政策，并随着时间的推移对其进行改进。

  - 确定数据的所有者和保管人。

- 保护数据。

  - 审查所有数据，如 SSL 解密。

  - 管理数据（明确规则和方向）。

- 控制数据（运用技术控制手段）。
● 监控和防止威胁。
  - 监控敏感数据，检查违反政策的行为及用户行为风险。
  - 采取适当行动，例如撤销访问权限，阻止用户访问等。
  - 不断完善保护政策（参见图 5.16）。

许多企业都怀揣着建立广泛的数据目录或数据湖的梦想，旨在让员工能以适当的方式获取数据，进而开拓新的商业机会。

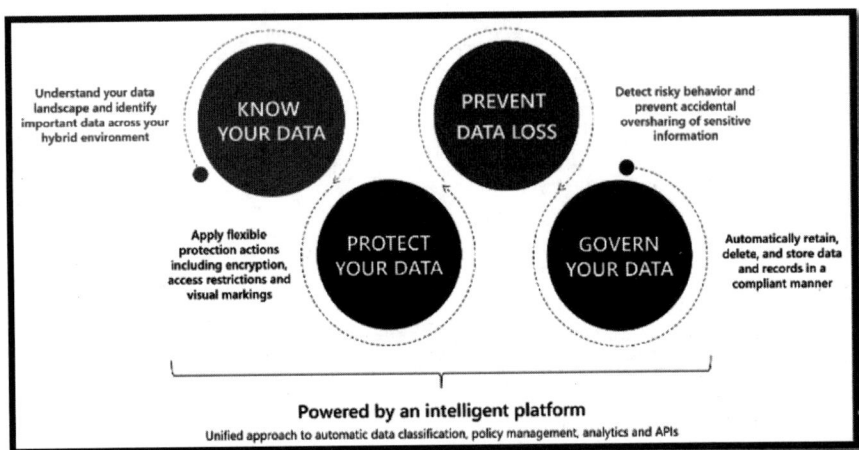

图 5.16　数据安全生命周期

这些理想与零信任架构（ZTA）理念相得益彰，然而，数据必须包含详细的元数据，以助于确定合适的访问权限。

⊙ 5.8.1　数据架构概述

在启程"零信任"的旅程之前，大多数组织的数据安全访问受到的是周边控制，而非基于数据的敏感性。另外，数据分类和敏感性标记通常也是手动进行的。

根据 Gartner 的解释：

数据失窃预防（DLP）技术市场主要提供的产品包括能够洞察整个组织内的数据使用情况和数据流动的产品，以及根据数据被操作时的内容和上下文，动态实施安全策略的产品。DLP 技术旨在利用监控、预警、提示、阻止和其他补救措施来解决与数据相关的威胁，包括无意或意外导致的数据丢失，以及敏感数据暴露的风险。

DLP 需要进行数据发现和分类。DLP 并不默认为安全。端点 DLP 通常允许设备上的数据保持不安全的状态，同时确保数据在设备外的数据传输口被锁定。

5.8.1.1 移动应用程序管理

让我们来看一看移动应用程序的几种应用场景。为了确保数据安全或让数据包含在受管理的应用中，您需要在如 Intune 等移动应用程序管理解决方案中创建应用程序保护策略（APP）。

策略可以是当用户试图访问或移动"公司"数据时执行的规则，也可以是用户在应用程序内进行一系列禁止或受监控的操作（见图 5.17）。

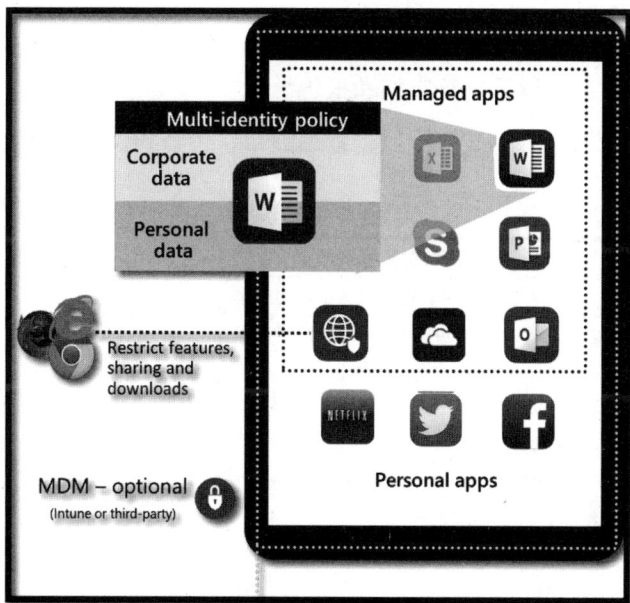

图 5.17　移动应用程序管理

我们建议您使用的数据保护框架分为 3 个不同的配置级别，每个级别都是在前一个级别的基础上进行的：

- 企业基本数据保护（第 1 级）可确保应用程序采用 PIN 码进行加密保护，并允许选择性地执行数据擦除操作。
- 企业增强型数据保护（第 2 级）引入了应用程序保护 DLP 机制和最低操作系统要求。
- 企业级高级数据保护（第 3 级）引入了高级数据保护机制、增强型 PIN 配置和应用程序保护免受移动威胁的防御，可以在发现设备存在风险时阻止用户启动受保护的应用程序。

5.8.1.2　数据保护的端对端加密

作为全面安全策略的一部分，我们始终应对数据进行加密，即使攻击者能够截获用户数据，由于其已经被加密，他们也无法解析出有用的信息。

数据丢失预防（DLP）的运作原理是执行安全或网络管理员设定的策略，从而确定数据是如何离开网络的。DLP 的功能包括监控数据访问和流动、自动分类、发出警报、阻止访问、检测异常行为以及进行审核和报告。

端到端的加密应用于以下 3 个阶段：数据静止、传输和使用阶段（详见表 5.1）。

表 5.I　端到端加密

静态数据	传输中的数据	正在使用的数据
静态数据加密，是实现数据隐私、遵守规定以及维护数据所有权不可或缺的关键步骤 • 存储服务加密	当数据在数据中心内部的各个网络元素之间，或者在不同的数据中心之间传递时，就会产生"数据在传输中"的状态。这种情况下，处理"传输中的数据"应该包括两个独立的加密系统： • 数据库加密 - 应用层 - Azure 机密 • 安全管理 - 客户端和服务器节点计算 • 密钥管理之间进行 HTTPS 和 TLS 加密　应用程序加密 • 证书管理的集中存储	为了保护您在软件即服务（SaaS）、平台即服务（PaaS）等服务中使用的数据，您需要采取相应的措施。在微软的云服务（PaaS）和基础设施即服务（IaaS）模式中，我提供了两种重要的功能： • 硬件安全 模块 - 数据链路层 - 以太网协议上传送的帧上进行的加密，位于物理连接层之上 AWS 提供用于机密计算的 Nitro 系统。

图 5.18 是一个直观的指南，说明了需要保护哪些信息，以及如何选择正确的加密类型。

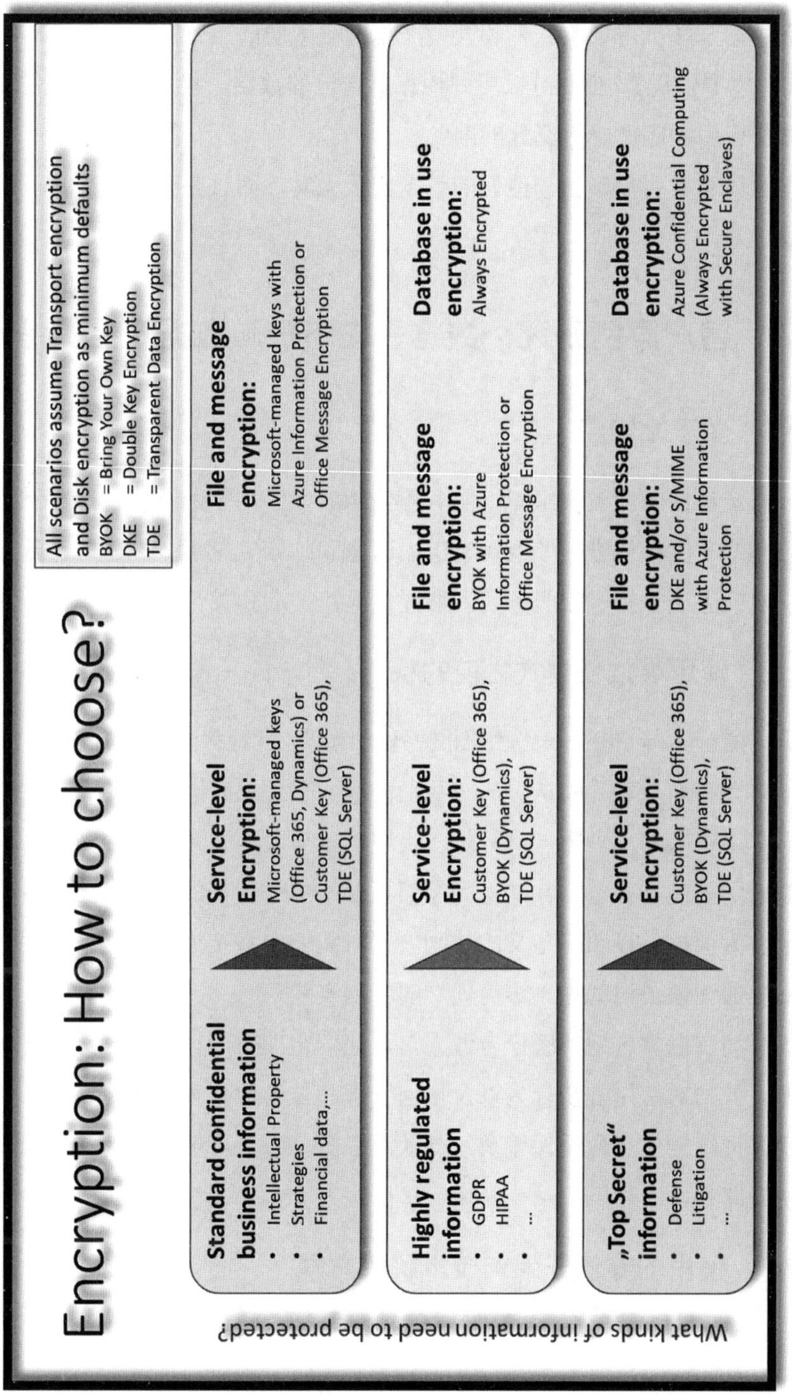

Encryption: How to choose?

What kinds of information need to be protected?

| | | |

All scenarios assume Transport encryption
and Disk encryption as minimum defaults
BYOK = Bring Your Own Key
DKE = Double Key Encryption
TDE = Transparent Data Encryption

Standard confidential business information
- Intellectual Property
- Strategies
- Financial data....

Service-level Encryption:
Microsoft-managed keys (Office 365, Dynamics) or Customer Key (Office 365), TDE (SQL Server)

File and message encryption:
Microsoft-managed keys with Azure Information Protection or Office Message Encryption

Highly regulated information
- GDPR
- HIPAA
- ...

Service-level Encryption:
Customer Key (Office 365), BYOK (Dynamics), TDE (SQL Server)

File and message encryption:
BYOK with Azure Information Protection or Office Message Encryption

Database in use encryption:
Always Encrypted

"Top Secret" information
- Defense
- Litigation
- ...

Service-level Encryption:
Customer Key (Office 365), BYOK (Dynamics), TDE (SQL Server)

File and message encryption:
DKE and/or S/MIME with Azure Information Protection

Database in use encryption:
Azure Confidential Computing (Always Encrypted with Secure Enclaves)

图 5.18　加密选择

141

零信任作为一种抵御勒索软件和其他严重网络威胁的可行防御手段，越来越受到关注。通过实施"零信任"，企业可以更好地保护自己的数据，并为在无需支付赎金的前提下恢复数据和应用程序做好更充分的准备。

应用程序所有者可以确信，他们的数据安全无虞，而且在受到攻击时，应用程序也能迅速恢复。

⊙ 5.8.2　客户案例研究：数据丢失防护和数据安全零信任

5.8.2.1　关于本组织

这是一家全球性的非盈利组织，服务覆盖 100 多个国家，这些地区常常存在交通困难、政治动荡或贫困等问题。该组织有着由医生和临床专家组成的团队，致力于为那些可能无法获取或无法承担医疗服务的人群提供医疗援助和关怀。

5.8.2.2　使用零信任模式之前的状况

- 用户的行为与责任——医生们网络移动频繁。营地为临时所在地，很少保持常态。
- 董事会和高层领导的认可——我们的运营总部设有固定的访问控制和政策。然而，组织中的大多数人员都是在当地暂时与我们联合起来的。
- 对遗留系统进行整合并纳入到零信任架构中。我们的非营利业务本质上以不确定性为前提。以明确定义的控制方式对我们的系统进行持续的监视访问是十分困难的。该公司就是"零信任"的生动实践。
- 该公司有世界各地的医疗专业人员，他们定期付出自己的时间和努力，满怀热诚，但却对应用安全行为以及如何管理和与云数据互动知之甚少。他们是受过良好训练的健康数据保管员，却缺乏在第三方云环境中快速访问和管理数据的明确路径。

5.8.2.3　使用的零信任架构技术解决方案

- Azure Active Directory——身份保护——公司需要一种方式来监控医生和志愿者的访问行为，而无需考虑地理限制。身份保护的内在功能让该公司有能力在用户从各种区域进行身份验证触发时监视他们，包括在 O365 访问信任程度未知的地区（例如非洲撒哈拉以南或中国的部分地区）。凭借持续的旅行活动，公司有能力设定风险阈值和评级，根据已知的旅行目的地增减风险阈值和评级，同时监视不断变动的未知人员情况。

Azure Active Directory 条件访问——Azure AD 身份保护策略只是解决问题的一半。能追踪到身份验证尝试的地理来源确实至关重要。然而，条件访问则为公司提供了一种工具，用于对特定应用程序和知识产权进行访问控制。此外，条件访问还有一个不为人知的好处，那就是能把身份认证和访问管理控制应用到微软云之外的应用程序上。如果企业在本地拥有 AAD 的可用性，他们就能为支持使用 SAML 或 OAuth 的现代身份验证措施的基于云的应用程序指定访问控制。在还未正式批准部署 O365 工具的地区，这就可能成为成功与彻底失败的分界线。

- 微软云应用程序安全——我们讨论的这些工具确保了公司能够针对预期行为进行检测和采取行动。然而，MCAS 真正提供的是一个高层次的仪表盘，让我们能在整个微软生态系统中看到用户在各个工具间的行为动态。他们可以观察到终端用户如何从一个国家移动到另一个国家，轻松检测访问的热点，并在与用户已知的旅行路线对比时，找出可能存在的恶意访问行为。他们可以简洁地查看 Outlook、Teams、One Drive、SharePoint 甚至第三方的 SaaS 和 PaaS 应用程序的访问尝试，这为公司提供了真实的信心，确保他们能够有效地追踪到对敏感的个人信息和健康信息数据库的访问情况。

- 用户教育——条件访问让公司在实施实际运作的规则之前有机会对环境进行预检。这使得公司可以识别出最需要关注的领域，特别是那些未经官方批准支持 O365 和微软云的地点和区域。这让他们可以特别关注需要额外访问步骤和预备措施的用户消息传递活动。

⊙ 5.8.3　在实施零信任架构时面临的 3 大挑战

- 用户行为和责任——最终用户在接收和发送邮件、保存数据、访问端点以及跨地域迁移等方面的行为并不符合标准。为了尽可能减少 IT 人员的工作负载，我们必须开展信息宣传活动，让员工和用户了解新的政策。条件访问提供的信息传递能帮助用户做出正确的决定，对于保持安全运营人员的工作效率至关重要。

● 董事会和高层管理的支持——作为由志愿者们组成的国际慈善组织，公司的声誉随时可能会因为未经批准的决策或未受监管或未获授权的行为而遭受损害。如同我们的志愿者和广大用户的保护行为一样。公司高层领导陷入"分析瘫痪"的决策制订过程中，未能带来实质的政策变化和成效。

● 纳入传统系统至零信任架构（ZTA）。并不是所有的国家都能使用 0365，租户的创建和微软信任的云服务也并非在所有的地方都可用。

⊙ 5.8.4 零信任架构的优点和缺点

● 可视性——在实施微软零信任计划之前，公司并没有明确的成功路线，也无法监控我们的云环境以及我们在全球各地的非营利性总部。微软的技术帮助公司建立了一个数字边界，方便公司跟踪他们的员工行为。

● 数据丢失防护（DLP）——能够监测和追踪用户对我们第三方数据存储库的访问，这改变了原有的运作情境。高级安全捆绑包的非牟利性定价使得采购和安全操作团队有可能实施真正的解决方案，可保护"流动"的患者信息。

● 操作正常时间——我们可以对所有用户以及他们对生产和协作环境的访问尝试实施近乎持续的遥测监控和可视化分析。在 0365 无法使用的地方，我们可以将第三方访问控制工具与我们已经认识的用户和访客用户相绑定，这些用户会在非微软工具的环境中操作。

5.9 基础架构组件

大多数"零信任"的指导和标准，并没有把"基础设施"独立出来作为一个单独的组成部分或者领域，一般都把这个领域笼统地纳入"零信任"的"网络"组成部分。然而，我们希望把基础设施作为一个独立的领域来讨论。

在我们的"零信任"背景下，基础设施是指所有的硬件（无论是物理的、虚拟的，还是以容器为载体的）、软件[包括开源、第一方和第三方，平台即服务（PaaS）、软件即服务（SaaS）]、微服务（包括各种功能、应用程序接口）、网络基础设施，以及云设施等，无论是内部部署的，还是多云环境下的。

对基础设施来说，最重要的一点是要进行配置管理和软件更新，以确保所有部署的基础设施都能满足安全和政策要求。

⊙ 5.9.1 基础架构部署目标

多云基础设施会增加 IT 组织的复杂性并提高成本。使用非特定云的零信任产品可以降低成本。

在多云或混合云架构中，应考虑以下部署目标：

● 了解风险状况，并根据此制定保护策略。
● 具备检测以及快速应对安全事件的能力。
● 让您的安全团队拥有能统计分析来自多个源头的安全事件的工具。
● 让您的安全团队拥有用户行为分析工具以便检测威胁。
● 让您的安全团队具备应急响应工具以尽可能降低安全事件造成的损失。
● 利用特权访问管理（PAM）流程，确保特权访问只能以受控方法进行。

如果我们考虑微软的云，Azure 登陆区、蓝图和策略等资源可以确保新部署的基础设施符合合规性要求。而配有日志分析功能的 Microsoft Defender for Cloud 可以帮助您管理内部部署，进行跨云以及跨平台基础设施的配置和软件更新。

⊙ 5.9.2 网络组件

传统的边界正在逐渐消失，无处不在的连接和分布式安全相应地成为了趋势。理解两个或多个点之间的交易流和互动显得至关重要。网络隔离和微分段是一些可以最小化横向移动的策略，同时，它们也赋予了我们对资源访问更为细粒度的控制。

网络团队早已通过对拓扑结构、内容传递和服务质量的监控和优化来了解这个领域，但零信任的引入在网络架构中带来了更多的动态变化，这需要我们做出相应的调整。

端点和用户不再直接访问网络。然而，它们仍可以直接连接到单一的服务、应用程序或工作负载（这就是零信任的力量，因为我们现在可以大大缩减攻击面），因此采取以下的概念至关重要：

- 采用"默认拒绝"的安全策略。
- 避免"信任区"的使用。
- 采用会话隔离。
- 采用微分段。

在实施了零信任架构（ZTA）之后，网络应被视为"画布"，而不再仅仅是一种传输机制。只有在零信任基础设施以及以下情况下，网络才真正具有重要性：

例如，当服务的组成部分在没有零信任代理流量的情况下相互通信时，比如说，那些包含传统的 3 层应用程序的子网——理想情况下，应使用 ZTA 或私有服务端点（Azure）或私有链接（AWS）进行应用程序之间的通信，将其进行隔离。

考虑采用基于代理的微分段方式，而非基于网络的分段，以使实施过程更为简化。由于其复杂性，很少有公司会在现有的环境中完成基于网络的改造。

⊙ 5.9.3 网络架构概述

NIST SP 800-207 推荐的零信任方法之一是以网络为中心的方法，其他两种是以身份为中心和基于云的混合方法。

以网络为中心的零信任架构（ZTA）围绕由网关安全组件保护的企业资源网络微分割。要实施这种方法，企业应该使用像智能交换机（或路由器）、下一代防火墙（NGFW）或软件定义网络（SDN）等基础设施设备作为策略执行器，来保护每个资源或者相关的资源组（见图 5.19）。

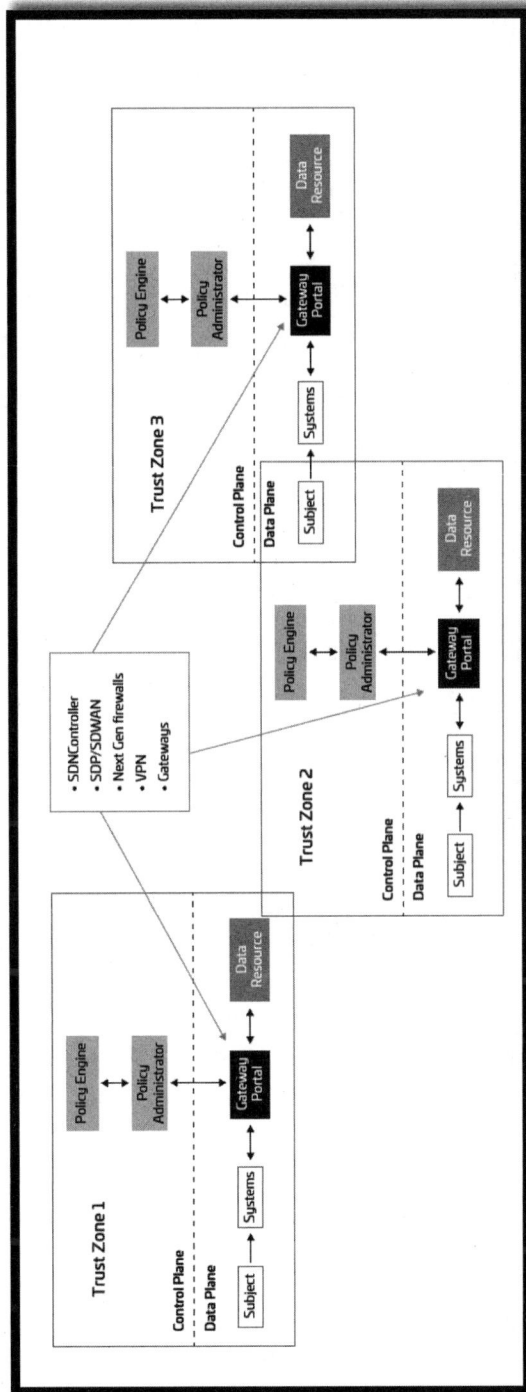

图 5.19　国家标准与技术研究所以网络为中心的零信任方法

●●●● **数字产业的零信任之旅**

这种以网络为中心的方法侧重于将传统的边界划分为子区域。基本假设是，用户一旦进入了某个区域，他们就被认为是可信的。虽然这在一定程度上降低了风险，但这种方法并不完全没有风险，因为他们假设实体一旦进入区域，就会被信任。因此，这种方法需要额外的安全措施和强有力的身份管理。我们在上一章中已经详细讨论了关于身份安全的问题。

仅仅依赖以网络为中心的方法存在以下局限性：

● 因为网络中存在许多安全区域，使得配置、故障排查和管理变得复杂。

● 这种方法带来了单点漏洞：一旦用户被允许进入某个区域，他们就可以在区域内自由活动，而对他们的行为的控制和他们行为的可见性却十分有限。

● 这种方法可能无法支持信任区域内的云应用程序。

● 允许非雇员进入这些区域是不良的做法，但却很难避免（比如承包商）。

5.9.3.1 划定和加强外部边界

考虑到现代架构和混合服务跨越企业内部、多个云服务、虚拟网络（或 VNET）以及虚拟专用网络（VPN），企业需要实施多项控制措施，首先需要考虑以下几项。

5.9.3.2 网络分割

需要进行网络分段，以便限制网络攻击的影响半径和横向移动。任何架构设计都无法满足所有的组织需求。根据"零信任"的原则，您可以选择几种常见的网络分段设计模式。

在使用云服务提供商（如 Azure、AWS、GCP）组织工作负载时，有 3 种常见的分段模式：单个虚拟网络、具有对等连接功能的多个虚拟网络，以及集线器模式下的多个虚拟网络。请根据您的需求选择最适合的模式。

当使用云服务提供的 PaaS 服务（如 Azure Storage、Azure Cosmos DB 或 Azure Web App）时，请使用专用链接连接选项，以确保所有数据交换都通过专用 IP 空间进行，而数据流永远不会离开云服务提供商（CSP）的网络。请参见图 5.20。

▶▶▶**148**

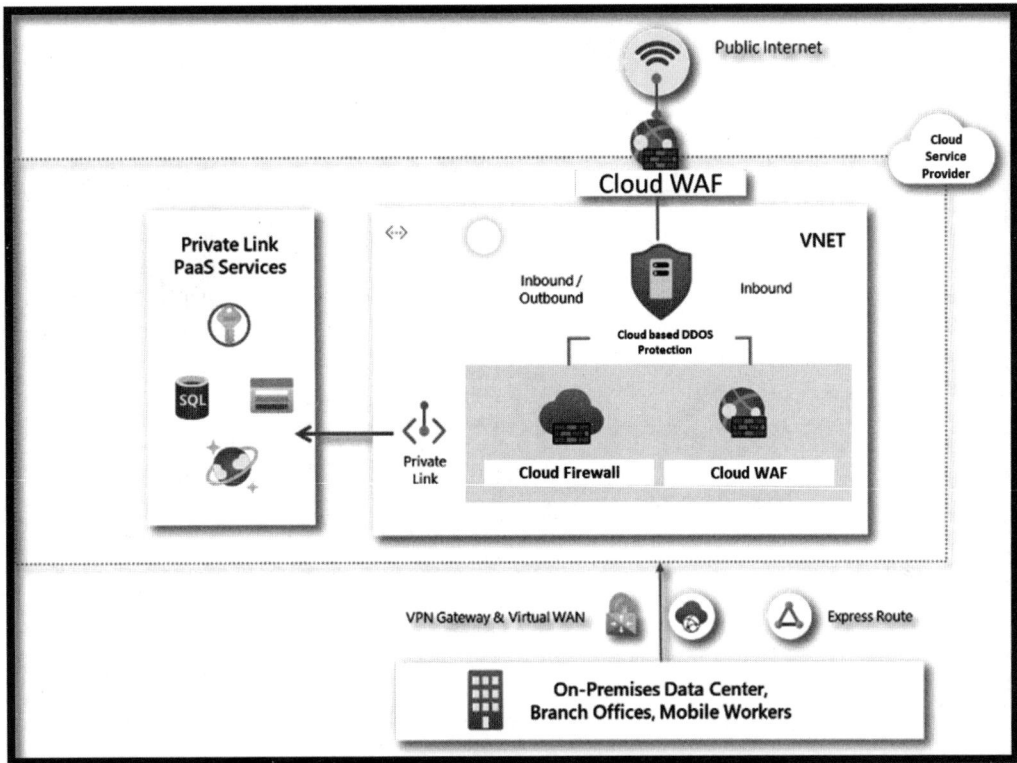

图 5.20　PaaS 服务细分

5.9.3.3　威胁防护

威胁防护技术的目标在于加强网络边界，防止分布式拒绝服务（DDoS）或破坏性攻击等恶意行为，随后提供快速检测和应对事件的能力。

图 5.21 所展示的架构呈现了一种行之有效的方法，通过在负载均衡器后面集中运行多个 Windows 虚拟机，以提升网络可用性和可扩展性。这种架构可以应用于任何无状态的工作负载，比如网络服务器。

虚拟机扩展集允许根据预定义的规则手动或自动增减虚拟机的数量。负载均衡器将传入的互联网请求分配给各个虚拟机实例。如果资源受到 DDoS 攻击，这一措施就显得尤为重要。

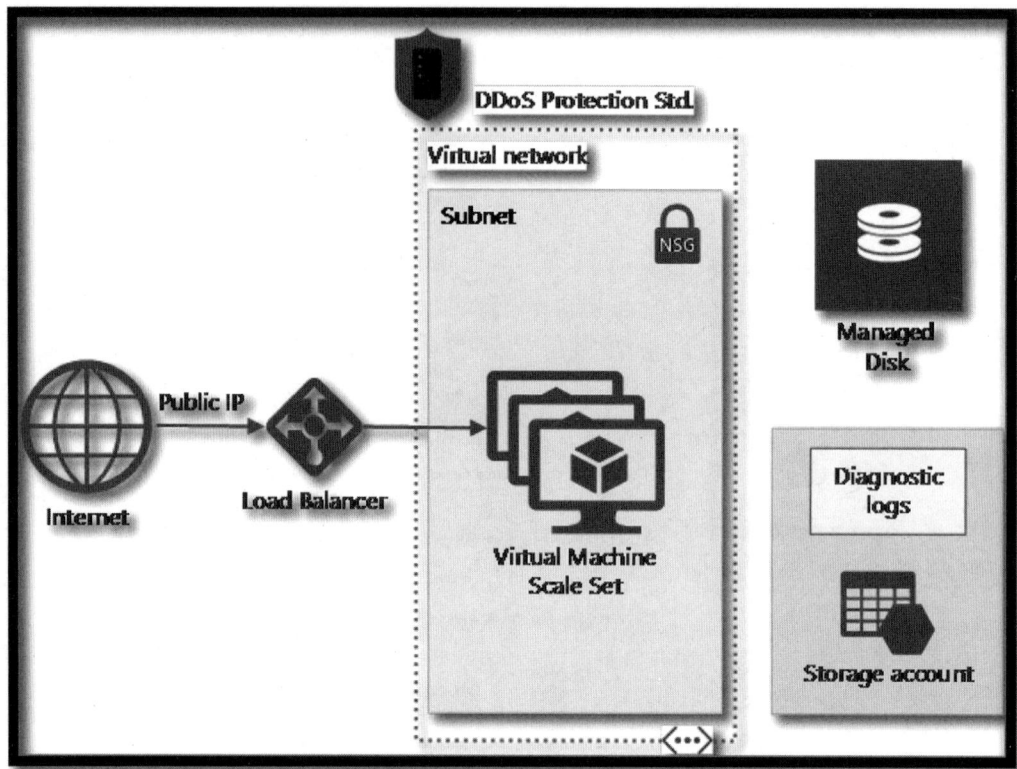

图 5.21　使用负载均衡为多个虚拟机提供 DDOS 防护

5.9.3.4　加密

无论是内部流量、入站流量还是出站流量，所有的网络流量都应该加密。这包括使用 IPsec/IKE 策略加密虚拟网络间点对点的应用后端流量，以及通过配置点对点 VPN 或者 IPSec 通道加密内部部署和云之间的流量。要获取微软关于这方面的详尽指南，请访问 https://docs.microsoft.com/en-gb/security/zero-trust/deploy/networks。除此之外，还有其他的网络解决方案可以供您选择。

网络连接是实现"零信任"的旅程中取得重大进展的绝佳机会。您的零信任努力不仅将提升您的安全状况，而且大多数的努力还将帮助您实现环境现代化并提高组织的生产效率。

5.10　零信任和运营技术组件

除了常规的针对 IT 系统的窃密和数据盗窃攻击，威胁行为者越来越多地把瞄准目标转向物联网（IoT）设备和操作技术（OT）设备，覆盖范围从石油管道到医疗设备，应有尽有。恶意行为者还成功地把供应链作为攻击的目标，显著例证就是狡诈的 Solarwind 和 Kaseya 攻击。这表明，OT 网络已成为网络犯罪分子的主攻对象，他们设计出越来越复杂的攻击手段对 OT 进行破坏并从中获利。

Fortinet 在其《2020 年运营技术与网络安全状况报告》中发现，参与调查的 10 位运营技术领导者中有 9 位承认在过去的一年中至少遭受过 1 次入侵。有 72%的人经历过 3 次或 3 次以上的入侵。

由于组织对基础设施的现代化需求和与其他 IT 系统的隔离问题，网络安全仍然是许多 OT 环境所面临的挑战。OT 系统通常与制造业、能源、公用事业、交通和建筑自动化等行业解决方案相关联。为了实现高效运营和数字化转型，对于 IT-OT 融合的需求也在日益增加，这也进一步提高了保障安全和持续运营的必要性。这迫使行业领导者重视"零信任"理念，并将其视为实现 OT 基础设施现代化的基本最佳网络安全策略。

"零信任"架构（ZTA）的目标是消除所有威胁，无论这些威胁来自网络外部还是内部。应用这种方法对保护 OT 系统至关重要，因为 OT 系统通常需要同时为网络用户和快速增长的工业物联网设备提供服务。构成 IoT 和 OT 服务的设备性质使得实施 ZTA 的选择相对较少，因为许多设备不允许在端点上安装启用"零信任"的代理。在这种情况下，应考虑采用零信任网关服务，与专为通信设立的专用网络一起配合使用。

⊙ 5.10.1 运用零信任模式部署运营技术的实用方法

实行零信任保密模式，保障物联网解决方案的安全，首要任务是满足非物联网的特别需求。尤其要肯定自己已有的基函数措施，保证身份和器具的安全，并限定访问权。如：明确地对用户进行核实，清晰地视察他们联网的设备，以及时刻准备好利用风险检测工具进行动态访问决策。这样有助于限定用户访问云端或公司内部物联网服务和数据时的可能攻击范围，因为未经许可的访问可能会导致大量信息被泄露（如泄漏的生产信息）或造成工厂数据和控制物理系统潜在的权限的可使用度提升（如停止工厂生产线）。

当满足了以上的全部需求后，我们就可以全身心地投入物联网解决方案的零信任特别需求：

- 强化验证设备的身份，如注册设备、发放可续期证明、实行最少次数的密码验证，以及利用硬件信任源，在做决定前能信赖其身份。

- 限定最低权限的访问，以此缩小攻击范围。实行设备和任务负荷的访问控制，以降低可能泄露或未经证实任务负荷的被授权身份带来的潜伏攻击范围。

- 保持设备健康，对设备访问进行审查或标明设备待修。检查安全设置，评价疏漏和不安全密码，监控主动威胁和异常行为警戒，来制订持续性的风险档案。

- 持续更新，保障设备健康。利用集中配置和法规管理解答方案和强大的更新机制，保证设备处于最新和健康的状态。

- 实行安全监庖和反应机制，以检测和对待新生的威胁。执行主动监控，迅速辨认未经允许或受攻击的设备。

攻击者常以软目标作为入侵点。类似鱼叉式网络钓鱼的攻击方式可进入 IT 系统，给攻击者进入 OT 系统提供通道，反之亦然。在一例中，攻击者利用水族馆系统访问了赌场的高级数据库，热衷进攻的攻击者可通过任何联网设备找到进攻机会。——《2021年微软数字防御报告》

⊙ 5.10.2 具有零信任原则的物联网和运营技术架构

图 5.22 展示了零信任原则用于确保操作技术（OT）和工业信息技术（IT）环境安全的架构示例。

这是一种工业系统的操作技术环境的零信任部署示例架构。因行业的不同，可能是物流、制造或零售行业的解决方案和系统。通常都有一个信息技术环境负责管理其他系统，理想的情况是，通过内部隔离，硬边界和软边界来划分 OT 和 IT 环境，以提高可视化和控制能力。

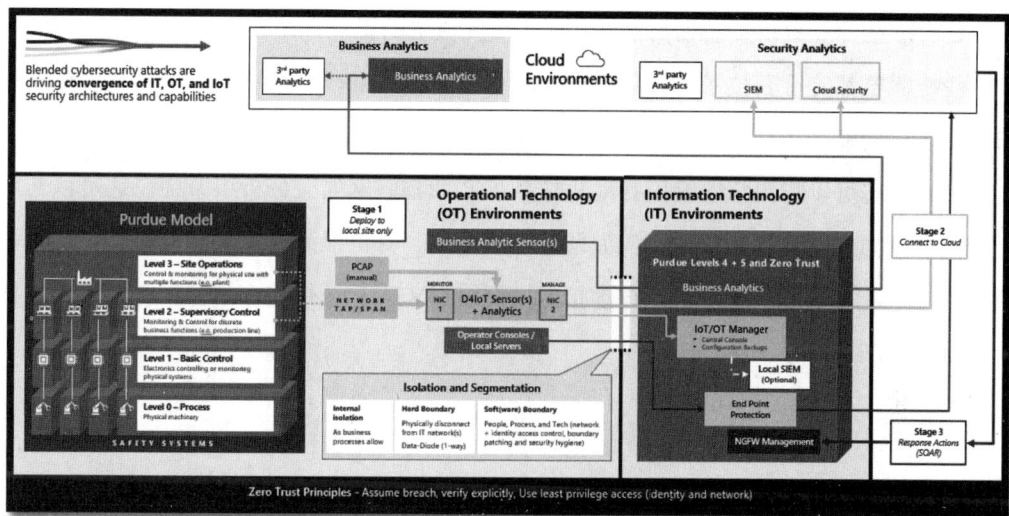

图 5.22 运行技术（OT）部署模式

OT 环境需要传感器来跟踪、监控和衡量工业系统的行为或性能。这些传感器被安装在网络中（包括多个网络段）。安装传感器后，它能够收集数据并与现场运营或监督控制系统共享。若安装了云连接传感器，数据即可发送至云分析引擎，以进行安全管理和威胁监测。此外，这些信息也有助于更好地理解环境，比如安全更新、密码管理、资产清单掌握等。

在信息技术环境中，物联网或 OT 管理器可以管理和控制多个传感器，以便追踪并提供更好的可视化服务。这些信息可与本地安全信息和事件管理（SIEM）共享，以对威胁进行主动监控。

若拥有云原生传感器，它就可以将信号发送到云 SIEM 工具进行分析。您的威胁团队和安全运营中心（SOC）团队可以主动审查数据点，助于管理者做出明智的决策，譬如在 OT 环境中存在的与身份或网络相关的安全威胁等。此方法可与您的检测和纵深防御策略以及操作程序相结合。

端点保护也可以部署到 OT 环境中。若 OT 系统运行在 IT 支持的操作系统（OS）上，端点解决方案的部署将会更快。对于 OT 系统，您也可以采用不同的补丁周期，以尽可能减少对行业机器或系统的干扰。

还有一些商业分析传感器可能适用于 OT 环境中的工业系统，用于测量温度和振动。若这些传感器都支持云技术，收集的数据就可以发送到云分析系统，以进行预测性维护和提高运行效率。

最后，您可以将组织的响应行动集成到 OT 和物联网的云分析引擎中。这可以帮助企业根据检测到的威胁和事件（例如恶意电子邮件、身份泄露或设备泄露等）自动采取相应措施。若有攻击情况，可通过虚拟专用网络（VPN）进行响应，并在详尽调查过程中锁定用户账户。

5.11　零信任和安全运营中心

确保有效零信任策略的实施，安全运营团队起着关键性的作用，这要求安全运营团队对企业基础设施有深入的了解和掌控。他们的责任包括了解网络流量、协调来自整个基础设施的数据源、应用机器学习技术以获取可操作的洞察需求，并利用自动化技术进行响应和采取行动。这意味着在具体实践中，安全运营团队需要付出大量工作来监控和维护零信任策略。

作为零信任安全框架的一大特点，视角上的重大转变之一便是由默认信任转为例外信任。零信任策略意味着不能假设网络中的任何用户、端点、凭证或设备是可信的。端点可能被侵入，凭证可能被盗取。但是，一旦需要信任，就需要某种可靠的方式来建立这个信任。由于不能再假设请求是可信的，建立一种方式来证明请求的可信性就显得尤为关键，这对于证实其时效性的可信性至关重要。为了证明请求的可信度，对请求的行为和请求周围的活动必须拥有清晰的可视性。

你的安全运营团队必须持续监测可疑或异常行为，确保所有人的行为都合乎规定。通过部署一个跨越端点、云和网络资产的分析解决方案，团队可以获得企业全景视图，并保护有人管理和无人管理的资产。

⊙ 5.11.1 安全运营中心自动化和使用零信任进行协调

通过在身份、网络和设备、数据、应用程序、基础设施以及网络传输中实施零信任方法，安全运营中心（SOC）分析师需要处理的事项数目也随之增加。由于每个领域都可能产生相关的报警，因此您需要一种集成的能力来管理由此产生的海量数据，以便更有效地抵御威胁和防范安全漏洞。

在交易检验中信任验证。SOC 分析师的任务压力比以往任何时候都要大，而在此期间人手不足，可能导致长期的报警疲劳，使分析师错过重要的报警信号。

自动化以及统筹规划带来了无以比拟的效率和效力，提供了更高效、更有力的安全方案。通过自动化，企业可以加快定位和处理特定威胁的速度，这是人工无法比拟的。重要的是自动化可在正确的时间实施正确的流程。

许多 SOC 服务供应商都提供了扩展的检测和反应（xDR）解决方案，以防止攻击、检测端点行为异常，并提供延伸至网络与云的全景视野、调查和修复能力。SOC 通常结合使用安全信息和事件管理（SIEM）以及安全协调、自动化和响应（SOAR）技术来收集、检测、调查以及应对威胁。

SOC 供应商也提供了自带本地威胁情报功能的 SOAR 解决方案。xDR 与 SIEM 的整合为企业提供了全景视觉，使其能够做出明智的决策。良好的 SOC 协同以及零信任原则是确定威胁向量和修复能力的关键成功因素。

⊛ 5.11.2　安全运营中心架构组件

在为 SOC 拟订解决方案蓝图时，公认的最佳实践是避免选择多个供应商的同类顶级组件以组合功能。如今，许多公司都提供了全面成熟的平台，能够执行一系列的职能，而无需考虑处理多个供应商的复杂性。要寻找能集成其他功能的平台，如能与身份提供程序（IDP）集成的零信任访问（ZTA）平台、与主要供应商集成的端点检测和响应（EDR）技术，以及用于日志收集的与安全信息和事件管理（SIEM）集成的平台（如图 5.23 所示）。

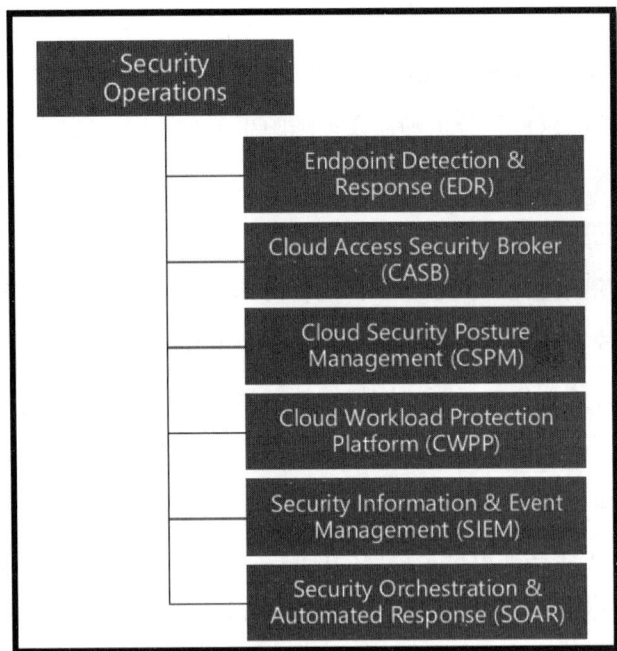

图 5.23　安全运营中心架构组件

5.12 在零信任世界中定义 DevOps

DevOps 是一种文化，它鼓励开发和运营团队等所有参与者加强协作，通过自动化优化流程，以提高软件交付的质量和速度。

如今，作为主要的"利益相关者"之一的安全管理员正急切希望将零信任模式纳入到软件开发生命周期的每一个阶段，包括升级和替换遗留系统，并使之成为其中不可或缺的组成部分。DevOps 代码的持久性、安全性和弹性直接反映了零信任原则与软件开发生命周期（SDLC）的整合程度。

要在 DevOps 中成功实行"零信任"策略，必须包含特定的投注或必备元素（如图 5.24 所示）。

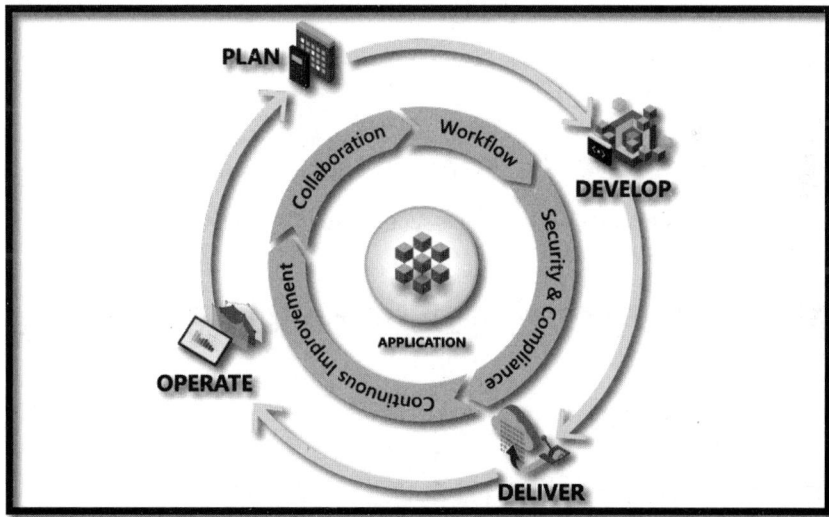

图 5.24 DevOps 和应用程序生命周期
来源：Microsoft 门户网站

以下是在 DevOps 流水线中实施零信任安全的一些要点：

- 零信任的关键准则，如微分段、最小权限原则和假设已存在安全威胁，需要在软件开发生命周期中的 DevOps 以及其相关的流程和依赖关系中的每个阶段进行设计。

- 当与第三方供应商和系统合作时，让"软件物料清单"成为一项强制性需求。

- 不忽视定期为开发团队提供安全培训和提高安全意识的重要性。

- 威胁建模实践应该作为软件开发生命周期过程的首要步骤，这将有助于及时地识别和减少整个开发过程中的安全风险。

- "自动化"是成功的关键；确保安全工具与软件开发生命周期紧密结合，以实现最少的人工干预的自动化治理。

- 将"零信任"整合到 DevOps 中需要一个适应性的网络安全框架，即既能满足开发人员的需求，又不影响他们最佳的工作方式。

- 制定有力的安全威胁响应政策，以备在遇到任何安全威胁时应对。

- 明确的访问控制政策规定了访问权限、角色和职责，有助于消除团队中的冲突。

- 在个人数据安全合规方面，我们会看到越来越严格的要求；企业必须设计一系列自动化的审计报告点，将 DevOps 与零信任结合起来，以便更好地进行合规报告。

有关 DevOps 安全控制的更多信息，请访问：https://docs.microsoft.com/en-gb/security/benchmark/azure/security-controls-v3-devops-security?ocid=AID3044105。

客户案例研究：使用零信任的 DevOps 和应用程序安全性

5.12.1.1　关于本组织

该机构主要针对 B2B 组织，专注于金融和医疗保健领域的商业智能服务。作为一家展览、媒体和出版机构，它拥有大约一万到一万五千名的用户群体。该机构在全球 40 个国家设有近 150 个办事处。

5.12.1.2　零信任实施前的现状与挑战

（1）兼并与收购。

这家公司平均每年需要进行 22 次并购（M&A）活动，每次活动都需要大量的信息技术工作，首先需要确认新公司的技术健康状况，然后把新的信息技术基础设施并入现有环境。从历史情况来看，这一过程非常耗时，且面临完成任务的时间压力极大。

（2）办公室工程。

该公司在全球有 150 个分散的办公室，设备折旧周期为 3 年，这意味着信息技术部门需要进行大量的设备更新。每个办公室都有典型的交换机、路由器和安全设备配置，因此，信息技术团队的大部分时间都消耗在出差和更换设备上。有时，公司会在扩大规模的同时选择搬迁办公室，而非更换设备，这就导致了更多的工作。公司只连接互联网以提高速度，降低临时办公地点的成本。

此外，公司大量使用云技术，并希望采用多云技术，目前已使用了 150 多个云账户和 600 个虚拟电脑或虚拟网络。随着 DevOps 和自动化的市场快速渗透，零信任环境在难以预测的时间里不断发展和增长，给客户提供一致的保护和监控是一项挑战。

员工的流动性也带来了挑战。大量的在途工作人员意味着，保持一致的安全状态是一个挑战，尤其是在地理位置遥远或带宽连接较差的情况下。公司的一个基本目标是实现"咖啡馆式"工作方式，以便在任何支持互联网的地方都能提供一致的体验和保护级别。

5.12.1.3　零信任架构中使用的技术解决方案

虽然安全问题一直受到公司的关注，但这并非投资零信任的直接动力。公司在发现 Zscaler 平台后，开始策划零信任转型之旅。

Zscaler 为公司带来了以下三大机遇。

1. Zscaler 的 100%云实现意味着每个办公室只需要普通的互联网连接设备，而我们的应用展示和安全基础设施则被有效地外包。这也意味着新办公室的信息技术基础设施可以迅速建立，且开销非常小。因为所有的办公室都被隔离开，每个办公室都可以拥有完全一致的配置，甚至可以使用如 10.0.0.0/8 的小子网。我们希望大幅度减少各办公室的信息技术设备，并通过设备折旧来降低运行成本。

2. 我们期望能大幅度地缩短新并购公司的信息技术整合时间。Zscaler 私有访问组件让我们无须把信息技术基础设施"连在一起"，但用户在最初的并购活动结束后不久就可以随时随地访问所有应用程序。应用程序和数据可以在不影响使用的情况下轻松迁移到母公司。

3. 我们希望能快速部署新的应用程序。新的云位置也可以根据需求快速建立。ZTA 的访问方法让用户部署新应用的工作量非常小，因为无须配置防火墙或应用程序交付控制器。部署时间可以缩短到几个小时或者几天。

5.12.1.4　在实施新的零信任架构时面临的三大挑战

- 应用知识与迁移挑战：许多应用程序较为陈旧，人员流动频繁，一些应用程序的管理知识几乎不存在，因此信息技术团队需要率先从旧的展示方法迁移到零信任安全模型。迁移所面临的挑战包括一些应用程序完全依赖于 IP 地址及其内部的授权机制，这需要额外的努力来整合零信任解决方案。

- 转型的商业案例：由于单一项目在财务上无法独立完成，所以需要投入大量的精力来制作一个可靠的、包含整个云计算/零信任战略的商业案例。为了获得项目的批准，需要进行大量的机构间合作。

- 员工再培训计划：公司必须增加对员工在云技术和零信任技术方面的教育投入，以支持转型计划。例如，网络团队将重点放在开放系统互连（OSI）的 7 个层面上，而非之前的 1～3 层。

5.12.1.5　零信任的影响和好处

- 用户对工作环境的满意度有所提升，通过调查我们发现罚款率降低了 40%。

- 对于新办公室，数据中心位置和应用程序的提供速度得到改进，一些流程的时间从几个月缩短到了几个小时。

● 由于用户"始终在线",而不是仅在打开 VPN 时才对互联网流量进行扫描,从而提高了威胁检测的效率。

5.13 章节摘要

● 零信任的整体策略应涵盖所有的数字资产,包括身份、用户行为、端点、网络、数据、应用程序和基础设施。零信任架构是一种全方位的端到端策略,需要对所有要素进行整合。

● 在多云环境中采用原生云工具进行零信任开发可能会是一项昂贵的实践,因为每个云的运作方式都是"独特的"。例如,我们在混合环境中使用微软和 Zscaler 技术进行的案例研究,就是许多企业客户最渴望学习的模式之一。

● 提供每个组件的架构示例或需要考虑的因素,使您可以构建适应您组织特定需求的零信任架构,并使用零信任的技术解决方案。最关键的是,每个零信任环节的案例研究都能为您提供深刻的见解和解决业务问题的实用指导。

● 虽然安全运营中心(SOC)和 DevOps 并不必然成为零信任的组成部分,但理解 SOC 和 DevOps 遵循零信任模式的重要性是当务之急。

● 综上所述,本章为安全领导者和架构师提供了足够的信息,以便为其组织规划或开发零信任架构。

在实施"零信任"架构时,我们应追求"进步"而非"完美"。

——微软首席信息安全官,布雷特·阿森诺(Bret Arsenault)

第 6 章

零信任项目计划和方案方法

· 6.1　勇敢的新世界 ·

企业需要同时应对业务、技术和安全 3 个方面的变革。

目前，我们看到像贵公司这样的组织面临的情况——存在的挑战，以及我们都可以借鉴的亮点。几乎每个企业都在经历自上而下的转变，原因在于现在的客户更倾向于通过移动应用和云技术与企业进行快速互动。这种对市场现有动态的冲击促使企业进行转型，以便与技术本土型初创公司（如亚马逊和优步），以及正在进行数字化转型的传统竞争对手进行竞争。

市场的转变引发了企业的数字化业务转型，以便抓住新的机遇，保持竞争力。这种数字化转型则需要信息技术（IT）作为支撑，以整合云服务，实现开发实践和相关变革的现代化，从而跟上市场的快速发展。技术转型需要进行安全转型，以保护这些新的云资产，同时利用这些技术更好地管理威胁和安全风险。

遗憾的是，安全机构常常充当项目发布前的"最后一关"，并必须将其视为一项特定的资本支出进行预算。这种参与方式使安全转型面临挑战，往往使得业务和 IT 的利益相关者为了快速响应市场需求而绕过安全问题。

与此同时，攻击者也在不断进化，他们迅速调整策略，将这些新资产纳入他们的攻击目标：

- 攻击那些对业务增长至关重要的低安全性工作负载。
- 寻找攻击现有资产的新方法（包括使用勒索软件等商业模式和技术攻击方式）。

这增加了新工作负载的安全风险，而攻击者正是利用了这一点。

6.2 团队合作

在不断转型的进程当中，每位成员都必须齐心协力，共同应对动态变化的市场和危机状况；一个成功而有活力的组织的象征就在于，其内部各个团队都在通力配合，以应对这些多元化的挑战。每个团队都在经历自己的大规模转变，并且在转变的过程中不断探索实践。没有人能够拥有一份明确、详尽、长久的计划，能够在一年内完全无误地实施完毕。

在适应不断变化的环境中意识到每个人的存在，将有助于你更加娴熟地应对这些并发的变化：

- 数字化转型——企业需要不断解读市场，调整策略，确保其走在正确的道路上。
- 云计算转型——科技团队始终在努力追赶云服务提供商的创新脚步（出于自身效率或效益的考虑，并辅助实现数字化转型）。
- 零信任转型——安全领域在持续应对不断变化的风险环境、由云计算驱动的技术平台变革，以及依赖于数字化转型的攻击面与优先级的调整。

为了实现上述目标，组织应该建立一种积极向上的团队文化，增强成员间的互相理解与共情，建立有效的关系，共享这些学科的知识背景，并鼓励学习和协作。最重要的是，所有人需要共同努力，管理动态变化的市场和风险环境，使得组织能在面临转型的关键期内保持安全稳定，同时降低风险。

6.3 零信任之旅

零信任并非是可以购买的，也不是"制造"出来的。反而，它是一种安全模式和构架的演变过程或成熟过程。如同我们在前几章节所讨论的，运营模式必须跨越"孤岛"，在所有的领域和元素中提供统一的安全性。

要达到这个目标，管理层必须跟上并推动正确的行为实施。想要在零信任项目中取得成功，制定详细的路线图是至关重要的第一步；一旦我们清晰地定义了这张路线图，它就能够帮助商业领导者理解计划要交付的内容、需要的投资，以及这个项目所能带来的商业和安全利益。

为了让人们从房间里放下这个又大又重的"零信任"，让我们把整个旅程划分为合理的项目阶段或步骤（见表 6.1）。

表 6.1 零信任项目各阶段

Phase 1: Project Planning and Strategy Consideration
- Phase 1.1: Is Zero Trust project right for you?
- Phase 1.2: Build your strategy and approach using the right Zero Trust framework.
- Phase 1.3: Secure support and buy-in from all the stakeholder.
- Phase 1.4: Identify key interdependencies across the organization.

Phase 2: Zero Trust Maturity Level and Project Roadmap
- Phase 2.1: Build the Zero Trust project roadmap.

Phase 3: Zero Trust Components of the Implementation Roadmap
- Phase 3.1: Create a roadmap to increase maturity for the Identity Domain.
- Phase 3.2: Create a roadmap to increase maturity for the Endpoint Domain.
- Phase 3.4: Create a roadmap to increase maturity for the Application Domain.
- Phase 3.5 Create a roadmap to increase maturity for the Data Domain.
- Phase 3.6: Create a roadmap to increase maturity for the Network Domain.
- Phase 3.7 Create a roadmap to increase maturity for the Infrastructure Domain.
- Phase 3.8: Create a roadmap to increase maturity for the Visibility, Analytics, Automation, and Orchestration Domains.

Phase 4: Continuous Evaluation and Project Monitoring

6.4 第1阶段：项目规划和策略思考

6.4.1 阶段 1.1：零信任项目对您是否合适

假定你正在迅速地将工作负载迁移到云端。在这种情景下，如果你的组织希望让员工有能力在任何时间、任何地点使用任何设备进行工作，你就会希望能在智能安全的引导下做出基于风险的决策。恭喜你！你已做出了采纳零信任架构的明智决定。请参考本书的第1章和第2章，以深入理解零信任的价值和优势。

6.4.2 阶段 1.2：使用正确的零信任架构构建您的策略和方法

本书引用了几个有实证支持的零信任架构。在确定哪个框架适合您的组织时，我们建议您考虑以下几点，这可以帮助您做出决策并规划行程。这里详细列举的因素可以作为蓝图，用于制订详尽的总体项目计划，对任务进行分解，以及规划任务发展的各个阶段。一个需要考虑的因素是，这种方法不仅是为了减小风险，组织还应该考虑如何最大程度地提升投资回报（在投资过程中实现高性价比），在这个过程中不断进行测试、学习和迭代。

1. 根据敏感程度（信息分类和/或完整性要求）及重要程度（被其支持的基础业务流程所驱动）了解你的信息资产。

明白这一点后，您就可以采取基于风险的、以数据保护为中心的方法来确定哪些信息资产是您的优先对象，这些对象通常被誉为"皇冠上的珍珠"。了解了这些优先级最高的信息资产，便能让您在开发构成该框架的其他元素时更有针对性。例如，身份和设备不仅至关重要，而且进一步细化身份和设备的活动，首先处理最敏感的信息资产，将确保您最大限度地降低风险，并将有限的资源（人力和资金）优先用于最高风险的领域。如果您对此还不太清楚，那么它可以成为计划中的一个并行部分，在了解这一点的过程中，优化行动的优先级。它并不一定要放在关键路径上，但通过其建立并理解您的组织状况，将确保您随着时间的推移，能采取以数据保护为中心、基于风险的方法。

2. 洞察需要访问的用户群体。例如：

- 内部用户及其组织构架——识别出高风险的用户（如交易员、支付操作员、高层执行人员等）。

- 第三方供应商。

- 承包商。

这将帮助您了解应优先处理哪些用户群体的问题。每个组织可能都会有不同的视角来决定从哪个用户群体开始。有的从承包商开始，有的从第三方供应商开始，有的从内部用户开始。这一点，再结合上述的第一点，会助力组织确定行动的优先级，以确保在降低风险和最大限度地利用资金上都采取最高效的策略。

3. 首先确定需要公开的应用程序——从低风险应用程序（依据信息资产评级）开始，确认哪些应用程序可以在最终用户访问应用程序等方面带来最大的商业效益：

- 整个或绝大部分劳动力群体使用的电子邮件。

- 整个或绝大部分员工群体访问的内部网络。

- 整个或绝大部分劳动力群体使用的人力资源（HR）和人事应用程序等。

公司应该能够根据现有的运行指标来确定这一点——如前 10 个应用程序的排名、用户访问量最大的应用程序等。

采取这种做法有两个好处。首先，它允许组织从低风险应用开始，一边实行一边学习。其次，它能通过展示快速的效益和快速的胜利来驱动使用量，通过接触大量最终用户以实质性地提升安全状况。

4. 了解并开始对关键业务用户群体和核心应用程序进行归类。例如：

- 销售团队（用户）访问 Microsoft Dynamics/Salesforce 的客户关系管理（CRM）系统。

- 财务团队（用户）访问财务应用程序。

● 支付工作人员使用支付系统等。

公司应根据现有的业务连续性计划来确定这一点，这也将成为确定优先级的关键数据点，并与数据关键性的视角相结合。

5．从粗粒度控制开始，随着时间推移，根据信息资产评级的层次结构进行持续优化。

6．根据用户群体（注意高风险用户）、应用程序风险、设备状态及数据的敏感性和关键性，堆叠其他控制措施。例如，确保对高风险用户采取不同的控制措施，如逐步提高认证级别、限制只能通过企业管理设备访问某些应用程序或某些数据等。

7．将上述内容转换为可在"零信任"生态系统中应用的策略。

8．最后，在用户接入上述服务后，取消其对旧的虚拟专用网络/远程接入服务（VPN/RAS）的访问权限。

所有这些要点将由第三阶段提供更细节的支持，该阶段能够根据风险引擎确定的可信度（信任级别）对控制进行差异化处理，随后由安全策略引擎进行应用。

⊙ 6.4.3 阶段 1.3：确保所有利益相关者的支持和赞同

每个人都应在零信任项目中发挥作用。零信任项目需要新的投资，也可能需要改变现有投资的优先次序，它可能还会引发角色和组织的变化。请考虑以下几点：

● 采用零信任方法实施强有力的管理，包括评估业务主张、评估安全态势并了解安全文化的影响。

● 确定每个业务部门的主要利益相关者，此外还应包括法律、人力资源、采购团队和行政团队的代表。

● 规划每个利益相关者的角色和责任，确定每个利益相关者需要提供哪些支持。例如，董事会成员、首席信息官（CIO）和 IT 运营团队对新建或升级 IT 基础设施、企业架构和总体战略目标应用状态的行政支持和自上而下的支持。

● 宣扬零信任项目的愿景并使其社会化，增强人们对零信任项目益处的认识。

● 创建合适的管理结构，定期搜集项目反馈，分享最新信息并定义报告矩阵。

⊙ 6.4.4　阶段 1.4：识别组织内的关键相互依赖关系

零信任项目可能会对许多现有的优先事项和项目产生干扰。在这一阶段，您必须考虑以下几点：

- 重新审视现有的业务、IT 及安全战略，并考虑零信任项目对它们的影响。
- 确定现有的 IT、安全和业务项目清单，以及它们之间的依赖关系。
- 确定可能被"零信任"项目干扰的项目中的现有关键要求。例如，对于需要与第三方承包商共享的关键业务应用程序的身份验证要求，或者对于可能影响 Microsoft Teams 和视频会议推广的新 IT 运营项目的网络微分段要求。

6.5　第 2 阶段：零信任成熟度等级和项目路线图

阶段 2.1：构建零信任项目路线图

若不了解自己目前的位置或成熟度，就无法实现预期的目标或目的地。在本书的第 3 章中，我们讨论了一些评估当前零信任成熟度的方法。

实施"零信任"需要一个全面的愿景和计划，首先要根据最重要的资产确定优先次序的里程碑。在构建"零信任"项目路线图时，请考虑以下几点。

- 评估您当前的零信任技术和控制状况；使用我们的成熟度评估模型来描述当前状态，设定预期的状态或水平。
- 设定一个切实可行的未来状态，并为实现该状态设定一个暂定的时间框架。
- 确定哪些现有技术和功能可以重新用于新的零信任架构（ZTA），例如，澳大利亚的一家能源公司利用其在 Microsoft Azure AD 和多因素认证技术上的现有投资，良好开启了该公司在身份验证领域的改革，从而将项目时间缩短了近六个月。

● 树立"大处着眼，小处着手"的心态——正如微软首席信息安全官所说，"重视
进步，而非完美"。

6.6 第 3 阶段：零信任组件实施路线图

我们在本书的第 5 章中详细讨论了零信任组件的实施方法。我们将遵循这一方法在
必要的领域提高成熟度。

虽然身份识别通常是首要考虑的领域，但这完全取决于组织在各个领域的成熟度。
以下列出的阶段并不按照时间顺序排列。您可以开始实施任何一个领域，除非您依赖于
另一个领域，例如，要实现应用领域的安全成熟度，您必须先有一个成熟的身份领域。

⊙ 6.6.1 阶段 3.1：创建一个增加身份领域成熟度的路线图

大多数企业都是从身份领域开始零信任之旅的。因此，企业需要考虑以下几点，以
提高零信任身份领域的成熟度。

● 停止使用密码，实行"无密码"策略。采用生物识别、令牌、密钥或自动相关
解决方案等无密码的自动验证方法，可以大大降低受到中间人攻击和密码喷射
等威胁的风险。一些供应商，如微软、谷歌、Ivanti、Okta、Secret Double Octopus
和 Yubico 等，能够协助企业解除对密码的依赖。

● 零信任的"最少特权"原则也是需要考虑的重要因素。应根据"需要知道"的
原则赋予访问权限。

● 在这一阶段，可能需要启动一些项目，如特权身份管理和特权访问管理，以提
高企业在这一领域的成熟度。

⊙ 6.6.2　阶段 3.2：创建一个增加终端领域成熟度的路线图

在身份识别之后，最终用户设备（如笔记本电脑和移动设备）的安全常常是企业面临的最大挑战。为了有效实施零信任，在这个阶段您需要考虑以下几点：

- 加强笔记本电脑、移动设备及物联网连接设备的安全防护。
- 拥有强大的终端检测和修复解决方案，以便在需要时监控、隔离、保护、控制和移除连接的设备。
- 将网络分割应用于管理的设备。
- 具备对自带设备执行安全政策的能力。
- 具备自动修复威胁的能力。

⊙ 6.6.3　阶段 3.3：创建一个增加应用领域成熟度的路线图

为了充分利用云应用程序和服务，企业必须找到适当的平衡，既要提供访问权，又要保持对关键数据的控制，这些数据通过应用程序和应用程序编程接口（API）进行访问。在这个阶段，您需要考虑以下几点：

- 清查组织内的所有应用程序和 API，并使用控制技术去发现隐形的 IT。
- 能够确保适当的应用程序访问权限，并能根据实时分析结果来限制访问。
- 具备使用云原生的安全控制和管理解决方案的能力，包括检测异常行为和验证安全配置选项。

⊙ 6.6.4　阶段 3.4：创建一个增加数据领域成熟度的路线图

归根结底，一切都要回到数据安全上来。任何安全框架或标准的核心目标都是保护和确保组织的"皇冠瑰宝"，即数据。零信任的目标亦然。然而，需要注意的是，数据安全并不是一件容易的事情，组织需要结合其关键应用、数据、资产和资源，对"零信任"的所有支柱和组成部分进行评估。

在项目的这一阶段，请考虑以下几点：

- 要了解数据背景、需要保护的内容，以及保护它们的原因。数据在哪里？确定日期并识别数据，利用微软信息保护和 eDiscovery 等技术，或者使用 Netskope 的高级数据丢失预防来识别和分类数据。

- 了解数据的价值及其生命周期。谁需要访问这些数据，为什么？采取了哪些措施来确保数据安全？

- 让您的注意力聚焦在整个数字环境中的数据泄露防护上。

- 最后且非常重要的一点是，您需要了解可能会影响数据安全实践和其成熟度的各种监管、隐私和合规要求，如数据处置和混淆的要求。

⊘ 6.6.5 阶段 3.5：创建一个增加网络领域成熟度的路线图

在网络领域，零信任架构定义了 3 个关键目标：

- 在受到攻击之前，做好预警防范。

- 根据攻击蔓延的速度，将其造成的影响降到最低。

- 让攻击者更难以入侵您的云资源。

在制定网络领域的发展路径时，您需要考虑以下几点。

- 确定网络分段策略。

- 根据工作任务的关键性和敏感性，将其转移至不同的分段。

- 考虑使用安全控制来监控和检查"南北"数据流动，如网络网关、DNS 安全、应用程序代理等。

- 现在，软件定义许可控制（SDP）、软件定义的防火墙和下一代防火墙都支持零信任架构。例如，Netskope、Zscaler、Palo Alto Network、Check Point 和 Microsoft 等供应商都提供云安全功能和云安全网络。

⊘ 6.6.6 阶段 3.6：创建一个增加基础架构领域成熟度的路线图

在"零信任"的背景下，基础设施是 IT 基础设施（无论是私有云或多云）的重要威胁载体。基础设施包括各类硬件（无论是物理硬件、虚拟硬件还是容器化硬件）、各种软件（无论是开源软件、第一方软件、第三方软件还是服务软件），以及微服务（如功能和API）。在这个阶段，您需要考虑以下几点：

- 利用遥测技术来检测基础设施层面的攻击和异常活动。
- 评估版本控制和配置管理。
- 通过及时和适当的访问权管理来实现访问控制。
- 可以防止任何未经授权的工作负载的部署，并发出警报。
- 进行静态和动态数据加密。
- 针对漏洞进行扫描和修补。

◈ 6.6.7 阶段 3.7：创建路线图，提高虚拟化、分析、自动化和协调领域的成熟度

零信任方法优先考虑将日常任务自动化，以减少人工操作，使安全团队能够专注于关键威胁。自动化对于稳健、持续的安全计划来说至关重要。

最优秀的零信任：部署可以自动执行资源配置、访问审查和认证等常规任务。通过安全自动管理和协调，在威胁防护策略中运用机器学习和人工智能，让企业具备自我防御的能力，迅速阻止攻击，保持服务的弹性。

如今，大量的威胁通知和警报涌入安全运营中心（SOC），要想以必要的速度和规模管理数字环境，以对抗当前的攻击，自动化是至关重要的一环。在这个阶段，您需要考虑以下几个方面：

- 提供给您的 SOC 团队全方位的能力，从而通过以下关键的能力来管理威胁。
- 检测威胁和漏洞的能力。
- 让初级分析师对调查进行自动化。
- 对警报的响应要有自动流程。
- 进行手动和自动的威胁狩猎，并通过分析提供更多的背景信息。
- 有能力在所有的零信任领域内实时预防和阻止事件。

6.7 第 4 阶段：持续评估和项目监测

零信任并非目标，而是一种持续的过程；企业需要不断地评估和监控其零信任架构的实施情况。许多因素可能会引发这种持续的评估需求——可能是业务愿景和目标的变化、环境的变化、监管或合规要求的变化、技术进步的变化，或者是企业合并或收购的变化。

强烈建议您创建一个计划轨道，以衡量零信任计划的下一步行动。进行计划跟踪时，包括以下几个方面：

- 结合轨道来制订计划的路线图。

- 通过共享报告，确保主要的利益相关者能够持续了解情况。

- 优先考虑的方案和交付成果应与客户环境保持一致。

- 建立风险登记册，记录在交付过程中可能遇到的阻碍因素。

- 制订里程碑计划和积压项目。

图 6.1 展示了一个零信任计划的 Scrum 框架示例。在 Scrum 框架方法的帮助下，组织可以实现以下目标：

- 推动团队与业务之间的创新。

- 了解计划为组织所带来的价值，包括对于该计划的共同理解，并通过在不同的冲刺阶段的工作，使复杂的决策过程更为简单。

- 创建并建立更强大、更优秀的组织。

- 持之以恒地追求正确的结果。

- 旨在达成正确的组织目标。

图 6.2 提供了一个基于 Scrum 框架的程序方法示例。

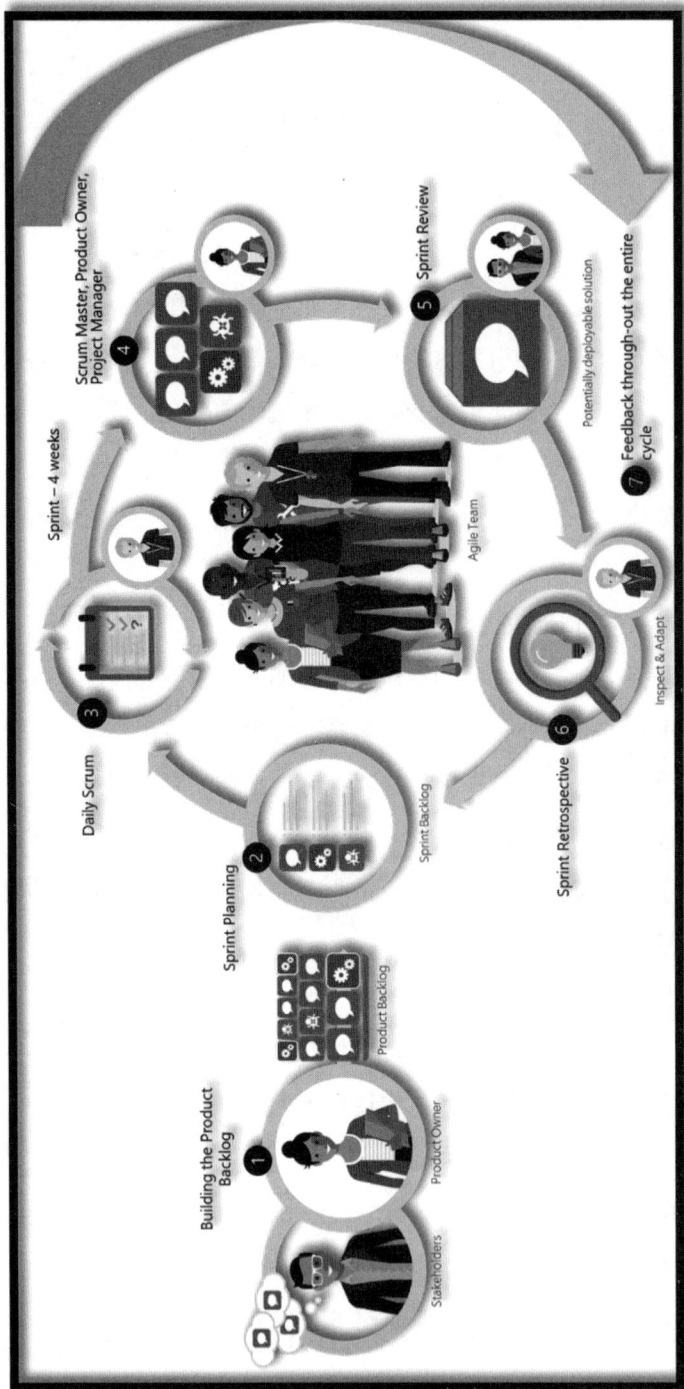

图 6.1　零信任计划的 Scrum 框架

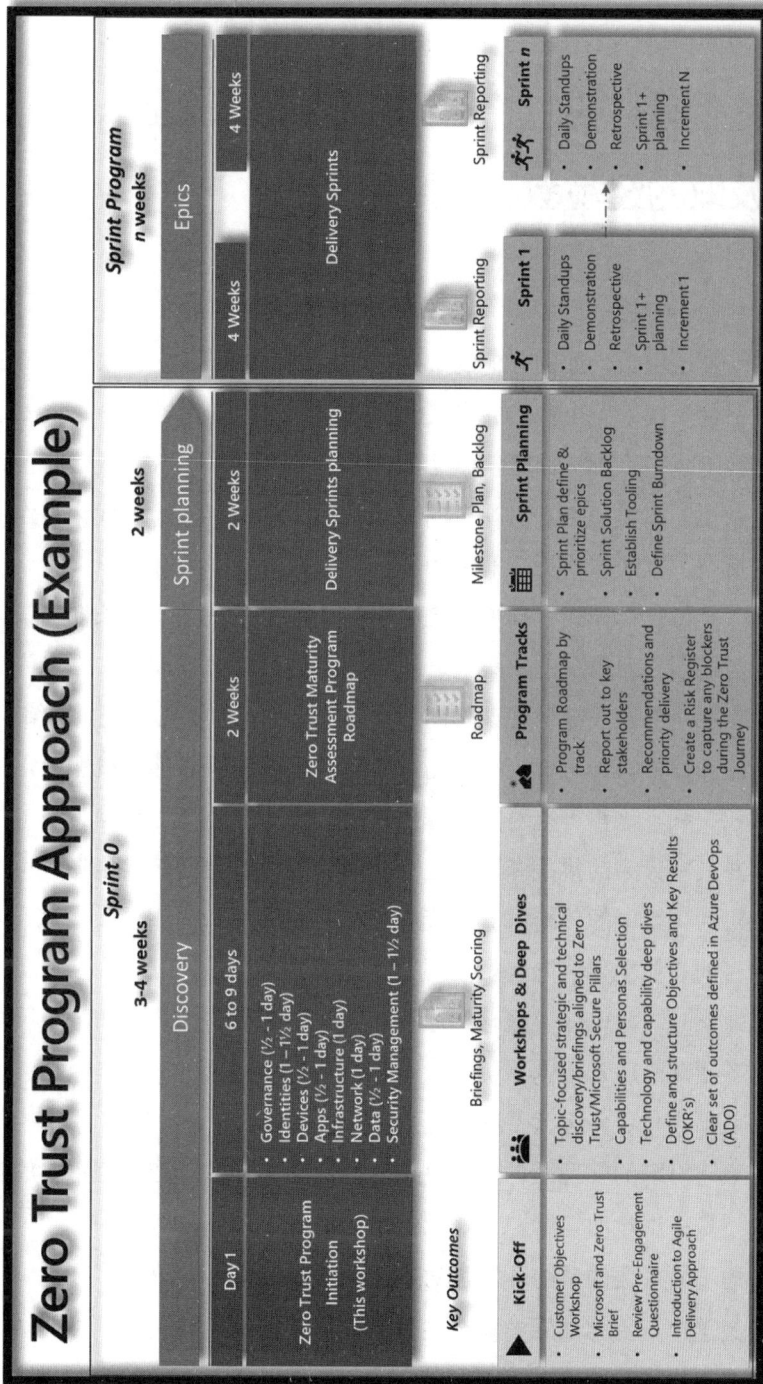

图 6.2　基于 Scrum 框架的程序方法

6.8　好、坏、丑——从早期采用零信任中汲取的经验教训

零信任是一项过程，就如同其他的数字化转型过程一样，它带来了自身的挑战。最常见的挑战包括信息技术、企业访问和安全问题。

在 IT 领域，任务包括用户和设备与互联网及内部网络的链接。现代和传统网络的连接存在种种复杂性。零信任方法对现有的方式进行了重新定义。现代化工作场所引入了更广泛的控制措施，可能需要更多的努力来调整组织的生产力模式。

想要实施"零信任"模式，需要整个组织的共同承诺。除了中长期决策，可能还需要制定一些针对短期紧急情况的决策。

这些目标也取决于企业零信任架构的各个核心方面，如身份认证、网络、应用程序、设备、基础设施和数据等。可能会存在与所有这些领域相关联的传统服务，也可能仅与其中某些领域相关联，这都可能对零信任模式的设计和实施产生影响。

互操作性是其中最大的挑战和风险之一，它可能导致零信任实施的进程受阻，尤其是当企业在应对其环境中的传统服务和应用程序的挑战时。

零信任项目的其他主要风险包括：

- 由于缺乏对"零信任"概念的理解和认识，主要的行政层和领导层缺乏支持。
- 组织各团队的职责范围不明确。
- 零信任项目与业务运营及其优先事项不一致。
- 建议策略引擎的管理组件过于复杂，并试图一次性实施所有主要的安全策略。
- 忽视了最终用户的体验，只顾及安全策略。
- 不考虑不断变化的威胁环境，对安全政策的调整不够灵活。
- 企图改造用于内部部署的安全工具以保护云工作负载。
- 使用多点解决方案，未考虑采用具有本地功能的平台方法。

• 6.9   章节摘要 •

- 这种数字化转型需要 IT 组织进行技术改造，整合云服务，实现开发实践和相关变革的现代化，以跟上市场的急速发展。此外，还需要进行安全改造，以保护这些新的云资产，并利用这些技术来更好地管理威胁和安全风险。

- 零信任是一项过程。对于您的组织来说，根据成熟度和所需的"零信任"组件，制定战略是确定路线图和执行步骤的基础。

- 从早期开始使用零信任的经验证明，互操作性是其中最大的挑战和风险之一，这可能导致零信任实施的步伐被迫停滞，尤其是当企业在其环境中面临传统服务和应用的挑战时。

现代技术、开放式架构和监管方面的进步已经将零信任置于网络安全关键进展的核心阶段，支持"预设违规"的思维模式，执行最小权限的持续验证。随着这个术语的持续使用和普及，IT 人员必须要理解零信任的核心元素，以便在他们自己的信息技术项目中采用这种方法。

——IBM 安全 A/NZ 的首席技术官，克里斯·霍金斯（Chris Hockings）

第三部分

零信任的未来视野

　　信任是人类的一种基本情感，然而在网络安全领域却常常成为最大的漏洞。考虑到我们生活在这个相互关联、错综复杂的世界中，如果我们不再假设任何程度的信任，而是开始质疑生态系统内外的每个环节，我们就能有效提升安全防护水平。

——尼古拉·尼科尔（Nicola Nicol），行业专家

第7章

零信任的未来视野

　　众多机构已经全面采取了"零信任"策略，决策者们表示，这在未来几年依然将是最重要的安全优先事项。此外，预计到 2023 年，零信任策略作为一项安全措施的相对重要性还将进一步提升，因为安全决策者们预计这仍将是取得整体成功的关键。

　　证实"零信任"策略的成功可以推动进一步的投资。这些全力实施零信任策略的机构预计在未来两年内将扩大其投资，这些机构将零信任列为安全计划的优先事项，预计其预算将增加，并且愿意探索零信任架构（ZTA），以满足物联网（IoT）和运营技术（OT）安全，以及管理、合规和风险（GRC）方面的新需求。而那些尚未开始实行零信任策略的机构可能进一步落后。

　　在本章中，我们将探讨零信任架构的未来发展趋势。当企业看到零信任架构在更广泛的业务环境中不断地发展和演变时，哪些问题应当被优先考虑呢？

7.1 利用人工智能实现零信任

　　由于云应用和移动员工重新定义了安全边界，企业资源和服务常常越过企业的内部边界，因此依赖网络防火墙和 VPN 的基于边界的安全模式已经过时。为了解决这个问题，像微软这样的公司开发了零信任成熟度模型，以有效适应现代环境的复杂性。这为依赖人工智能（AI）的威胁检测服务提供商监控和验证关键业务应用的通信提供了巨大的机会，Vectra AI 与微软在零信任安全框架上的合作就是一个很好的例子。

该平台使安全团队能够在"杀伤链"的早期阶段预防攻击，确保对业务连续性至关重要的应用程序可供全员使用和访问。此外，Vectra 还将帮助提供零信任架构 3 个导航原则的可视性和分析：

- 明确验证。始终根据所有可用的数据点进行验证和授权，包括用户身份、位置、设备健康、服务或工作负载、数据分类和异常情况。
- 使用最小权限访问。通过及时且充足的访问权限、基于风险的适应性策略和数据保护来限制用户访问，从而保护数据和工作效率。
- 假设被入侵。通过对网络、用户、设备和应用程序的分段访问，最大限度地缩小攻击面，防止病毒程序横向移动。保证所有会话都接受端到端加密。利用分析提供可视性，推进威胁检测并改善防御机制。

"Vectra Cognito 平台的开发基于一个观念，即传统的静态安全措施如防火墙、网络接入控制和虚拟专用网已经不足以保护现代企业。"Vectra 合作伙伴关系副总裁伦迪·希尔曼（Randy Schirman）说道。

让我们进一步深入了解基于人工智能的零信任架构（AI-powered ZTA）如何改变世界。

从安全专业人员和安全服务供应商的视角看，"零信任"正在逐渐成为保护设备、数据和网络的一致性标准。而从消费者和终端用户的角度看，他们同样需要或希望在不影响工作效率的情况下实现类似的一体化保护。因此，许多组织都在尝试实施无摩擦的安全措施，这意味着他们希望最终用户能够接受并采纳这些安全措施和控制手段。如果用户发现组织要求他们做的事情超出了他们的舒适范围，他们就可能会寻找其他更不安全的方式来完成任务。

这正是利用人工智能和机器学习（ML）的潜力所在。能够实时、透明地实施安全和控制措施将起到关键作用。我们所说的安全和控制措施并不一定全都是新事物。这些手段一直都是身份识别、身份验证、基于角色的访问控制等基础学科的一部分。现在的移动用户可以随时随地通过多种设备访问分散的数据。如果我们的安全和控制措施给最终用户的体验带来了阻碍，那么其采用率就可能会受到质疑。另外，企业领导也可能不看重这些安全和控制措施，因为它可能会影响到最终用户的工作效率。

在"零信任"模式中，我们总是假设网络环境是敌对的。通常来说，当你在网络上实施安全和控制措施时，你可能会认为我们已经缩小了网络或网段的边界。但在真正的零信任环境中，我们并不信任任何网络或网段。

寻求身份验证的用户和他们试图验证的资源所采用的策略必须是动态的。身份验证需要从多个来源获取信息，而不仅是基于身份、生物特征和密码等。我们需要各种方法来确定用户的身份、来自何方、在进行什么活动、期望什么，以及在访问资源时可能执行的操作。我们需要在用户参与和生命周期中不断评估所有这些因素。

人工智能可以填补"零信任"和"零认证"之间的差距（见图 7.1）。

- "零信任"意味着安全团队希望任何人都不能获得或保留对任何事物的访问权限，除非他们能够证明并持续证明自己的身份、授权的访问权限，并且没有恶意行为。

- "零认证"意味着终端用户希望立即得到满足，能够通过安装所需的一切来完成他们认为必要的工作，而无须密码、超时、特殊任务或第二因素身份验证（2FA）等烦琐的步骤。

图 7.1 零信任与零认证之间的人工智能桥梁

让我们以"零认证"为例。对于终端用户来说，记住一个复杂的密码已经是一门艺术。他们通常不会为自己设置一个复杂的密码，这就是为什么密码成为我们需要管理的头号风险因素。由于密码已经不再可靠，我们需要一种全新的身份验证方法。新的身份验证方法可以基于用户行为进行实现。通过测量和认证用户行为，我们可以利用机器学习的方法。我们需要成千上万个用户行为属性作为评估标准，以确保用户的真实性。人工智能可以用来验证每个用户的成千上万个认证规则属性。机器学习必须以实时、持续和连续的方式进行实施。

从零信任到零身份认证的人工智能角色

- 情境认证——人工智能可以帮助我们理解"宏观"的情境，并确定用户当前的情境是否符合可信行为，以及我们是否应该继续进行验证。

- 持续验证——人工智能可以帮助我们持续评估用户当前行为的"微观"背景，并决定是否继续允许访问。

- 动态策略认证——人工智能可以帮助我们实时、动态地应用策略。我们可以利用人工智能检索众多属性，并针对每个用户应用最适合的策略。这些安全策略的决定可以在机器学习的内部由算法来完成，从而无须人工干预。我们还可以让人工智能根据用户在资产、设备或服务方面的行为创建限制性策略。

在此过程中，人工智能将学习并理解用户、设备、应用、服务等的预期行为（区分信任与不信任）。其动态应用将扩增特性和用例的数量。你不必构建一个固定的安全程序或协议并让人工智能遵守；相反，你可以让人工智能观察并学习你的组织环境的正常行为，进而创建一个高效且安全的环境。通过报告来提供无摩擦环境的可见性将是对管理层的一大贡献。有一些软件供应商在将人工智能应用于零信任架构（ZTA）方面取得了显著进展。然而，利用元数据（无论是人工还是 AI 收集或分析）来识别个人行为的数字化行为，应该受到适当的隐私保护和管理。这是产品供应商提升产品成熟度的下一个关键步骤。欲利用人工智能实现"零信任"的组织必须优先对终端用户进行教育，让他们了解为何这些安全策略适用于他们。考虑到威胁环境和机器学习，只有当安全成为组织文化的一部分，我们才能进入成熟的安全环境。当安全成为组织文化的一部分时，用户会期望、理解并习惯他们的权限是可以升降的。

7.2　区块链技术作为零信任的推动者

⊙ 7.2.1　区块链技术

　　区块链技术正在各行各业引发一场革命。作为一种依赖加密技术的分布式账本，区块链技术能够在不信任的网络参与者之间进行可信任交易。比特币是市场上的领导者，其后是以太坊、Solana、Polkadot，以及许多其他具有公开和私有访问性的技术，这些技术是在现有法定货币和电子钱包之外出现的。由于其独特的信任和安全特性，行业从业人员、研究人员和应用开发人员对区块链技术产生了极大的兴趣。在过去的 10 年中，区块链在全球范围内的受欢迎程度有了显著提升。随着加密货币的发展超越金融和银行行业，大量新的业务和应用开始基于此技术建立，各个行业现在开始优先考虑大规模去中心化操作，这将很快影响整个世界。区块链有助于将平台的运营成本分摊给各个参与者，同时也能赋予他们相等的回报。

　　去中心化模式已然成为云存储、支付处理和网络安全等基于区块链的解决方案的特征。在区块链技术的推动下，企业和加密货币社区的大规模商业应用展现出上升趋势。与此同时，希望将这一核心概念应用于现有业务流程的其他行业也认识到了具有历史不变性的去中心化账本的价值。区块链技术的独特属性使其在银行、物流、制药业、智能合约，以及尤为重要的网络安全等多个业务领域的应用变得非常有吸引力。区块链技术在网络安全方面所能提供的潜力颇大，近期已经开发出了一系列的区块链安全机制，包括访问管理、用户身份验证和交易安全。由于区块链在增强网络安全方面的优势，它可以提供一个零信任安全框架，并通过可视化区块链实现高度的访问控制和透明度。所有的交易对于被限制的操作员来说都是可见的。在考察加密货币生态系统时，我们可以看到，区块链本身及矿工、应用程序开发者、交易所和去中心化网络协议提供商等其他重要参与方都可以采用零信任架构（ZTA）作为其安全框架的基础（见图 7.2）。

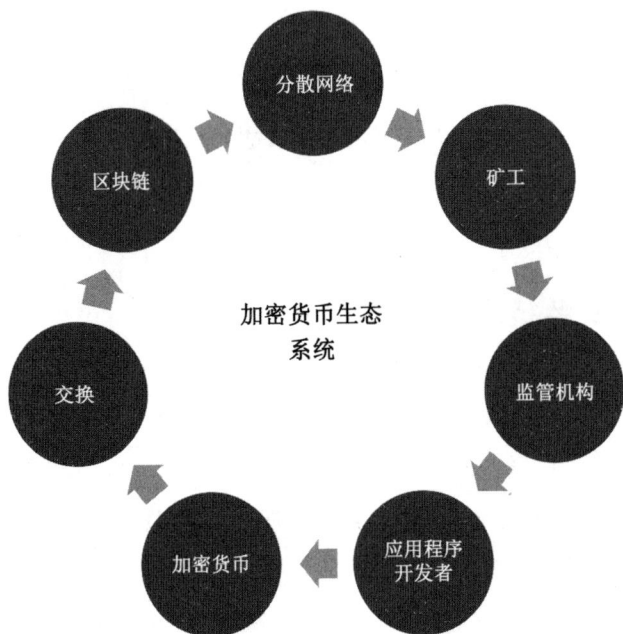

图 7.2　加密货币生态系统

- 用户——零信任模型能够充分利用区块链的不可改变性。区块链技术有望对用户进行识别，验证他们的信任度，并授予访问权限。基于区块链的零信任安全可以检测可疑的在线交易，隔离连接并限制用户访问。

- 终端（设备）——由于区块链的不可逆性（每个人都拥有账本副本），其在隐私保护，特别是在数据保护方面存在挑战。现行方法中，特定的用户设备偏好被加密并储存在区块链上，只有该用户可以检索。此外，区块链的工作量证明与信誉证明共识机制的差异也在被探讨，其中节点根据其与其他可信节点的连接数量来计算其信誉度。 在去中心化的世界中，通过区块链的数据存储和传输，用户和应用程序之间的数据安全性和不可篡改性得以保证。可信任的节点不需要进行工作证明，而是通过计算网络所分配的信任级别获得奖励。区块链架构提供安全服务的挑战包括分布式网络中的身份验证、保密性、隐私、访问控制、数据与资源来源及完整性保证。因此，零信任架构（ZTA）在这些方面可以发挥重要作用。

- 应用（Apps）——区块链安全软件成功确定并解决了共享和分布式分类账跨行业标准的基本要素，同时改变了企业在全球范围内进行交易的方式。企业可以在去中心化应用（deApps）领域利用安全协作环境开发定制应用，并将其集成到现有企业系统中。此外，企业还可以利用区块链的对等特性，创建内部和外部防漏洞的应用程序，以防止欺诈和网络攻击，同时还能管理敏感数据。我们将在后面的去中心化金融（DeFi）部分介绍更多细节。

- 数据——可以确保云中储存的数据不会被未经授权的用户更改，确保利用散列列表对可安全维护和存储的数据进行搜索，并确认所传输的数据从发送到接收过程中始终为同一数据。

- 网络——可以确保设备和用户不会因处在内部网络而被过分信任。所有内部通信都应被加密，访问应通过策略进行限制，并采用微分段和实时威胁检测。随着可视化设备、软件定义网络和容器广泛应用于应用程序部署，区块链允许对关键身份验证数据进行分散且稳健的存储（见图 7.3）。

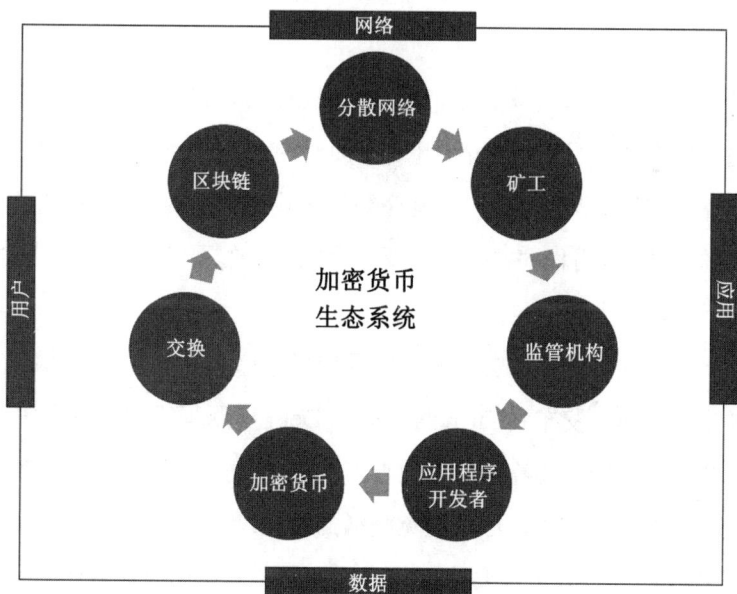

图 7.3　加密货币生态系统

这 4 个构成零信任架构（ZTA）的部分是以区块链为主导的加密货币生态系统的基

础。随着生态系统的发展和更多网络的采用，零信任架构（ZTA）的相关性将会被更广泛地接受。

⊗ 7.2.2　去中心化金融

去中心化金融（DeFi）是一种基于区块链的金融模式，它不依赖经纪人、交易所、银行等中央金融中介来提供传统的金融工具。相反，它依赖于区块链上的智能合约，以太坊是其中最常见的一种。DeFi 平台允许人们借贷资金，使用衍生品投机各种资产的价格行势，交易加密货币，购买风险保险，以及在类似于储蓄账户的环境中赚取利息。DeFi 依赖于分层架构和高度组合的建构模块。

DeFi 提供了新的金融应用的创新快速发展的可能性，这件事对所有人都有利。正确使用无须许可的分布式账本技术（DLT）网络可以开启金融创新与民主化的新时代，提供一个开放的基础设施，用以创建可编程资产，这将极大地取代目前传统银行基础设施的封闭式围墙。

DeFi 的发展取决于开发人员，他们正在开发新的和创新的去中心化应用程序，以代替传统的和遗留的系统。目前，DeFi 开发者面对的关键挑战之一是他们需要一个 DLT 平台，该平台必须"降低智能合约应用程序被黑客攻击和出现故障的可能性"。为了加速构建可互操作的 DeFi 应用程序，他们需要一个账想上的系统，用以提供对模块化 DeFi "乐高积木"的访问。

但是，与制作游戏、网络服务或其他普通应用程序相比，构建可靠的金融应用程序是一个不同类型的挑战。发布到 DLT 网络上的 DeFi 应用程序需要以自主化、低信任、不可逆转的方式运行，同时还需要管理数百万美元的资产。开发人员通常需要使用专质的开发环境满足这些特殊要求，尽量避免糟糕的结果。

DeFi 应用程序的开发人员需要确保他们的代码安全并且得到审计批准。大多数 DeFi 应用程序的开发工作是在 JavaScript 之上进行的。如果智能合约是开源的，那么任何人都可以查看代码并对其进行操纵，请想这其中的风险因素。零信任概念必须成为强大的 DeFi 安全防线的最前沿和中心，以尽可能地降低风险并提高开发效率。如果您是一名工程师或开发人员，应当采用"零信任"的原则来构建，并向你们的客户展示如何以安全的方式实现系统和代码的现代化。

在 DeFi 应用程序领域，开发人员正在借助预先构建的功能组件或功能集来构建"乐高积木"，这大大缩短了构建时间，并把他们带到了分类账本的最上层。此外，如果 DeFi 平台供应商在他们整个平台和预构建组件的基础之上遵循零信任模式，这将降低开发和审计的成本。然而，对于大部分企业级智能合约的开发人员来说，零信任执行环境的渗透测试和网络审计结果是非常有价值的信息，尤其是当他们计划通过聚合多个来源的情况降低风险时。

7.3　拥抱物联网和运营技术的零信任

数字化工作场所的确意味着员工经常通过个人设备、家庭互联网或公共 Wi-Fi 接入工作网络。安全协议必须随着这种变化而改变，因为传统的 VPN 解决方案可能会给远程员工过多的访问权限，并将服务暴露在互联网上，这增加了受网络攻击的可能性。

物联网（IoT）、OT 和智能设备为网络和企业带来了潜在威胁。因此，安全架构师必须重新审视身份安全保护的概念。许多人转向采用零信任安全模式，以提供更好的架构来保护他们的敏感资源。

7.3.1　物联网的网络安全

随着企业数字化转型的深入，特别是物联网解决方案部署的不断增加，我们会发现，当前维护和管理这些设备的方法需要进行适应性调整，以满足其所处环境的真实情况。

物联网解决方案需要端到端的安全防护，从设备本身到负责处理数据的云端或混合服务。然而，由于物联网设备在设计、硬件、操作系统、部署位置等方面的多样性极其显著，确保物联网设备的安全性自然增添了几个层次的复杂性。例如，许多设备是"无人操作"的，主要负责自动化的工作负载，这就给其与现行身份和访问管理工具的整合带来了挑战。许多物联网设备在部署过程中使用的基础设施和设备，设计之初并未考虑到互联网的广泛应用，或者其功能和连接性有所局限，这给其安全性带来了难题。再者，由于物联网设备往往部署于各种不同的环境中，从工厂或办公楼内到远程工作站或关键基础设施，它们独特的暴露方式也可能使其成为攻击者的重要目标。

除了顾及如今的移动劳动力，物联网解决方案还需要考虑以下技术性的挑战（见图 7.4）。

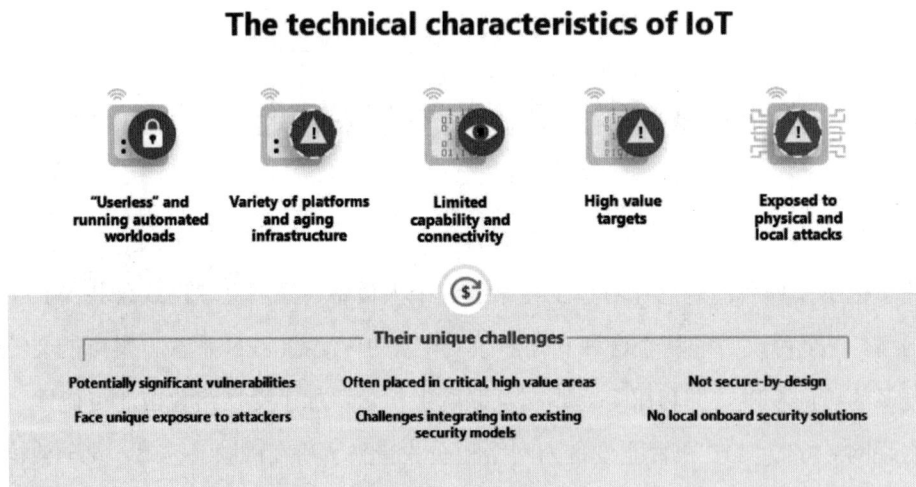

图 7.4　如何在物联网解决方案中采用零信任方法（微软安全博客）

- 物联网设备是"无人操作"的设备，可以执行自动化工作负载。准确来说，物联网设备，如摄像头、机器人和控制器，都是"无人操作"的设备。在零信任模式下的物联网环境中，这些设备的"用户"确切地说就是设备本身，无须人工交互或输入。在众多边缘设备上运行的工作负载大多是自动化的，以容器形式远程部署，并持续运行，以便执行关键的业务流程。

- 物联网设备平台丰富多样，且整合到了陈旧的基础设施中。物联网部署通常利用现有的基础设施，这些基础设施由陈旧的设备和专为隔离环境而设计的设备组成。设备在从裸机和实时操作系统（RTOS）到全功能操作系统（OS）的混合操作系统上运行，其中许多操作系统无法进行更新，并常常使用了易出现漏洞的开源组件。物联网设备的协议繁多，且常常是专有的且未加密的。设备的使用寿命预计将超过 10 年，尤其是当它们嵌入关键基础设施（如工厂或交通）时，其暴露于漏洞的时间可能远远超过员工的个人电脑和智能手机。

● 许多物联网设备的功能和连接能力有限。物联网设备通常较小，属于微控制器（MCU）类，可能无法运行完整的操作系统栈、安全代理或加密。受电池供电的限制，有限的处理能力和尺寸通常带来问题。网络拓扑结构会影响管理、更新和监控设备及工作负载的能力。制约因素可能包括使用高延迟、低带宽成本网络的远程连接、完全空气屏蔽的安装、国际自动化学会（ISA）-95 "普渡模型"工业分层部署，以及蜂窝、Wi-Fi 和本地堆栈（如蓝牙）的集成连接。

● 物联网设备可能成为高价值目标。关键业务和基础设施中使用的物联网设备可能成为非常诱人的目标，因为他们为攻击者提供了控制和指挥的机会，这将对现实世界产生影响，如 Triton 攻击。即使未用于关键业务，物联网设备的大量存在也使其成为僵尸网络大规模入侵的理想目标。比如，Mirai 僵尸网络大规模使用物联网设备导致互联网服务大范围中断。根据 Statista 的预测，2020 年是物联网设备数量超过非物联网设备的转折点。预计到 2025 年，物联网设备（310 亿台）将是非物联网设备（100 亿台）的 3 倍多。

物联网设备可能受到物理或本地攻击。物联网设备被部署在组织内外的安全环境中。例如，可编程逻辑控制器（PLC）可能安装在安全的工厂内，但可能受到员工或承包商通过笔记本电脑或 USB 连接到 PLC 的内部威胁。安装在室外的安全摄像头或风力涡轮机可能受到对方的直接物理攻击。在杂货店等公共场所部署的物联网设备可能通过公众可在本地访问的网络进行连接。

零信任架构（ZTA）模型是基于漏洞存在的假设，将每次访问尝试都视为来自开放网络。用于保护现有的现代化员工、数据和网络的零信任安全模式也可以应用于物联网体系，以实现全面的安全策略。将零信任应用于物联网对组织极其重要，因为物联网漏洞能对业务产生实际的影响。

⊙ 7.3.2 实施物联网的零信任理念的实用方法

为确保物联网解决方案的安全，采用零信任的安全模式必须首先满足非物联网特定的需求，特别是确认已经实施了确保身份、设备和访问权限安全的基本手段。其中包括对用户进行明确的身份验证，了解他们接入网络的设备，并借助实时风险监测做出动态访问决策。这能帮助我们限制用户在未经授权的情况下访问云端或企业内部物联网服务和数据，从而限制了潜在的风险暴发范围，避免大规模的信息泄露（如工厂生产数据泄露），以及对网络物理系统进行指挥和控制的潜在权限提升（如停止工厂生产线）。

一旦满足了这些要求，我们可以将关注点转移到物联网解决方案的特定零信任要求上：

- 强化设备身份验证。通过注册设备、发放可续期凭证、使用最少的密码身份验证，并使用硬件信任根，在做出决策之前，确保可以对其身份进行验证。

- 实行最小权限访问，降低爆炸半径。执行设备和工作负载的访问控制，以限制潜在的爆炸半径，从而抵制可能已泄露或运行未经验证工作负载的授权身份的影响。

- 检查设备健康状况，对设备访问进行控制或标记设备进行维修。检查安全配置，评估漏洞和不安全密码，监控主动威胁和异常行为警报，以建立持续的风险档案。

- 持续更新，保持设备健康。利用集中式配置和合规性管理解决方案及强大的更新机制，确保设备始终处于最新和健康状态。

- 进行安全监测和响应，以便检测和应对新出现的威胁。通过主动监控，可以快速识别未经授权或受到攻击的设备。

为 OT 启动零信任访问流程

采用"零信任架构"的首要步骤就是投入相应的安全投资，实行"永不信任，始终验证"的一贯原则。这就意味着我们需要保护每个有线和无线网络节点，对所有用户、应用程序和终端设备进行验证。毫无疑问，这是一项复杂的任务，但无论在能源和公共利益、制造业还是运输业，一致的安全实践都可以为所有的运营技术（OT）系统提供保护。其中一个典型的例子就是在内部和外部网络通信中实行最小权限原则，仅提供最基本的访问权限。

通过在网络内部的多个点集成内部分段防火墙，OT 系统所有者可以实现企业级的保护，以防止一系列的攻击威胁。通过这种方式，不仅可以达到网络可见性，还可以执行最小的访问权限。此外，实行预防性的策略可以提前阻止攻击在目标环境内的纵向或横向移动。

各个组织都在关注以下的需求，以利用零信任架构（ZTA）引领运营技术（OT）的未来。

- 下一代防火墙（NGFW）与 IT 和 OT 的融合：企业可以通过集成采用内部分段配置与智能交换相结合的 NGFW 技术，为 ZTA 策略奠定基础。如果 NGFW 配置了安全且可扩展的以太网交换机，那么微分段和策略执行将禁止任何未经预先批准的东西进行水平或垂直方向的网络移动。这使网络安全细化，同时实现了更强的抵抗攻击的能力。

- 多因素身份验证（MFA）是 OT 领导者执行基于角色访问的另一项基本网络安全实践。在使用 MFA 时，只有在成功向身份验证机制提供两个或更多的证据或因素后，才允许用户访问。这些因素可能包括：

  · 财产：只有用户才拥有的物品，如徽章或智能手机。

  · 独特的标识符：如指纹、声音识别或用户特有的其他内在特征。

  · 知识：只有用户知道的信息，如口令或 PIN 码。

通过要求提供以上种类的证据，MFA 使得窃取和盗窃行为变得更加困难。

为应对数字化转型和 IT-OT 融合而进行的网络安全投资，并不能实现完美的网络安全保护。相反，这需要提高对最重要资产的保护程度。维持安全、连续的运行是最重要的任务，同时还需要抵御对知识产权的窃取。对于 OT 来说，速度、规模和解决方案的持久性是重中之重的属性。虽然这很棘手，但我们必须认识到，网络安全攻击超出了 ZTA 策略的侦测和涵盖范围。例如，分布式拒绝服务攻击可能不会在雷达上显示。

7.4 在治理、风险和合规方面的零信任

合规就是风险管理和降低风险，"零信任"也是如此。

——阿巴斯·库德拉提（Abbas Kudrati）

GRC 指的是在面临不确定性的同时实现目标的能力，并以可靠和诚信的方式行事。网络安全实践者将 GRC 工具定义为观察政策、法规、组织内可预见的问题，以及管理这个实体程序的可衡量工具。GRC 即对组织总体的治理、企业风险管理及合规性的策略管理。

- 治理是一个过程，通过这个过程，执行管理层能确保企业级的政策被大规模地执行和采纳。

- 风险管理是一个过程，可以量化网络风险，并根据其对整个运营的影响，对评估出的风险进行优先排序。

- 合规计划是根据组织所在的市场、政府或行业的规定制定的。这有助于确保同一领域的组织间的连续性，保证消费者和相关公司在一个安全、公平的竞争环境中。例如，在网络安全合规方面，相关规定意在确保消费者能在他们对组织的预期信任范围内操作，确保他们的数据不会被盗。

这就要求风险管理要与这一声明保持一致；必须建立各种程序，以推动"收集概念"的实现，并解决"按需访问决策"问题。同时，您还需要增强管理和审计，以确认合规性。具备了这些要素，通过加强监管，会降低您的声誉风险，以及由于盗窃、罚款和客户流失所导致的收入损失带来的财务风险。采用全面且连续的风险监控方法，发现隐藏

的模式、异常、威胁载体和盲点，以积极地监控和管理第三方风险，同时考虑不断变化的企业风险状况。"零信任"是一种使企业能够对风险进行动态、持续评估的方式，让企业能够持续地应用可视性、洞见和行动来保护最宝贵的资产。零信任还意味着我们假设自身始终处于攻击或破坏的威胁之下，利用以威胁为中心的安全架构来建立控制。

⊙ 7.4.1 零信任是最佳的数字风险管理方法

网络安全和合规专家的使命是为您的组织提供防护，保障数据安全，使您的组织能够远离媒体的负面报道。然而，即使背负着这样的职责，最糟糕的网络安全情况是网络遭到破坏，这意味着组织的预防工具在未能发出警告的情况下失效了，这就是所谓的"假阴性"，即组织并不知道黑客已经入侵。

根据 IBM 进行的一项研究，黑客在被发现之前，可以在您的网络中暗中行动长达约 8 个月。在此期间，他们可以窃取大量宝贵的信息。

在理想状态下，事件响应团队会迅速介入，找到并修复漏洞，防止类似问题再次发生。然而，让人痛苦的现实是，一旦尘埃落定，企业可能会意识到其购买和实施的安全产品并未能有效阻止网络犯罪分子的侵入。

如果从 GRC 的角度去看待这种情况，就会发现以下几点出乎意料的问题：

- 治理监控没能及时找出黑客的行为。
- 网络安全风险已然升级为警告级别。
- 合规团队奔波忙碌，力图扑灭违反监管的火源，如违反隐私保护规定、不符合财务规定等。
- C 级高管（CxO）和其他更广泛的成员面临着如何解决声誉损失这个极具挑战性的问题，需制定对策。

新冠疫情的影响、卫星办公室的出现、云服务的普及，以及移动设备的飞速发展，都加速了传统工作模式向混合工作模式的转变，从而使得网络变得更加复杂。

美国国家标准与技术研究院指出:"网络的复杂性已经超越了基于边界的传统网络安全方法,因为企业并没有单一明显的边界。"

我们花费大量的精力来解决这个问题,而实际上,适当的偏执可以大大降低风险。这种合理的偏执激励组织实施恰当的零信任协议。

与其他类型的数字化转型一样,"零信任"并不是即插即用式的解决方案,用以解决当前网络安全实践的缺陷;它需要一个改变整个组织结构的过程。

组织需要考虑建立一种网络架构,能对 GRC 要求产生共鸣和支援。组织应建立程序以推动"概念收集"的实现,并解决"按需访问决策"的问题。此外,组织还必须进行治理和审计,以确认合规性。一旦拥有了这些要素,加强勤勉尽责就可以降低声誉风险,以及因盗窃、罚款和客户流失带来的财务风险。

就如同在移动设备上的操作系统会自动更新软件一样,我们必须对行业合规性进行持续检查,以确保流量和资产的行为符合行业和组织的合规规则。核查行业合规性还包括以下内容:

- 威胁情报反馈,如黑名单。
- 恶意软件引擎的定义。
- 能够显示异常活动的活动日志。

对数据访问策略的设计必须严密,如对所有非管理和管理设备的数据丢失防护策略和控制措施(零信任系统),并针对每个人和资产进行动态调整,以消除网络侵入者横向移动的可能性。此外,公钥基础设施可以验证组织向其资产分发的证书,并根据全球证书机构进行验证;安全信息和事件管理系统可以收集与安全相关的数据,以用于扩大检测和响应服务,并用于分析,从而充分发挥零信任系统的潜力。

零信任在数字监控(管理)、风险降低及提高 DRM 合规性框架的成熟度方面均有显著的改进。此外,"零信任"也会对组织内 DRM 的整体成熟度产生积极影响。因此,采用零信任方法和安全协议对于正确进行风险管理和组织保护来说是最佳的选择。

⊚ 7.4.2　数据治理与零信任的融合

在本书中，我们探讨了采用零信任方法保护组织关键资产的重要性。数字化转型使我们意识到，数据是企业真正的价值创造源，因此也是必须切实保护的关键资产。这种关键资产存在于企业内部和云环境中，存在于我们无法毫无保留掌握的 CPU 中，并以指数级速度增长，被数十亿个设备访问。因此，数据使企业能够加深对自身组织的理解，并做出更明智的商业决策。

此外，现在消费者比过去任何时候都更了解情况，可以在竞争对手中挑选服务。他们希望服务提供商能够理解他们，为他们提供个性化的服务和价格。数字化转型推动价值从传统的实体分销渠道和技术环境转向大规模的客户数据，以个性化、可信和安全的方式提供这些数据。随着企业努力保护这一创造价值的资产以保持自身竞争力，他们必须采取强大的数据管理方法，确保知道关键数据（重要资产）的位置、访问方式、访问者或访问内容，以及哪些数据应被清除和删除。"零信任"在此过程中起到了推动作用，因为攻击面必须被最大限度地减小——这些数据无处不在，被数十亿个设备访问。人们的思维将从"应对和管理不断扩大的攻击面"转向"尽可能减少需要保护的攻击面"，具体方法是清除不再需要或不再相关的数据，从而降低实施零信任方法的负担和复杂度。数据管理的简化和工业化将与零信任形成共生关系。最终，零信任将成为成熟数据管理的重要组成部分。

⌐• 7.5　章节摘要 •

- 已经全力投入零信任技术的企业预计将在接下来的两年内加大投资，而那些还未开始采纳零信任技术的企业可能会进一步落后。这些组织在安全计划中对零信任的优先考虑及预期预算增长方面，都逊于已全面实施零信任的行业伙伴。

而且，他们也愿意探索并应用零信任技术，以满足人工智能和机器学习、物联网和设备技术、区块链技术、GRC 等新的需求。

- 利用人工智能和机器学习的功能，实现安全控制的实时传输是至关重要的。在这个过程中，机器学习将会理解用户、设备、应用和服务等的预期行为（可信和不可信）。机器学习的动态应用将使特性和用例数量大大增加。你并不一定要建立一个安全程序或协议，并告诉人工智能去遵守它；相反，你可以做的是让人工智能观察你的组织环境，来了解一个成功的安全环境应有的正常行为。通过提供摩擦无阻的环境可见性将是管理层的一项巨大成就。

- 打算利用人工智能实现"零信任"的组织必须优先教育最终用户，让他们了解安全策略是如何适用于组织的。考虑到威胁形势和机器学习的发展，我们无法真正进入一个成熟的安全环境，除非安全成为组织文化的一部分。当安全成为组织文化的一部分时，用户就会期待、理解并熟悉他们的权限可以调整。

- 区块链技术对保障网络安全有着巨大的潜力，许多区块链安全机制最近已经开始开发，包括访问管理、用户身份验证和交易安全。由于区块链有望加强网络安全，它可以提供一个零信任的安全框架，通过可视的区块链提供高度可访问和透明的安全机制。所有的交易都是对限定运营员可见的。

- 在分布式网络中，与区块链架构的安全服务相关的挑战包括身份验证、保密性、隐私、访问控制、数据和资源的来源及完整性保证。

- 在 DRM 领域，"零信任"在数字化监管（治理）、风险降低及提高合规性框架的成熟度方面都有显著的改进。此外，"零信任"对组织内的 DRM 整体成熟度也产生了积极影响。因此，采用零信任的方法和安全协议是正确的风险管理方法，也是保护企业的最佳方式。

反侵权盗版声明

电子工业出版社依法对本作品享有专有出版权。任何未经权利人书面许可，复制、销售或通过信息网络传播本作品的行为；歪曲、篡改、剽窃本作品的行为，均违反《中华人民共和国著作权法》，其行为人应承担相应的民事责任和行政责任，构成犯罪的，将被依法追究刑事责任。

为了维护市场秩序，保护权利人的合法权益，我社将依法查处和打击侵权盗版的单位和个人。欢迎社会各界人士积极举报侵权盗版行为，本社将奖励举报有功人员，并保证举报人的信息不被泄露。

举报电话：（010）88254396；（010）88258888
传　　真：（010）88254397
E-mail：　 dbqq@phei.com.cn
通信地址：北京市万寿路 173 信箱
　　　　　电子工业出版社总编办公室
邮　　编：100036